优雅是女人最美的外衣

欧石楠 著

中国纺织出版社

内 容 提 要

优雅，不是名门望族女人的专利，而是每个女人一生的功课。每个女人都有过优雅生活的能力，优雅的女人永远不会老。优雅首先是从容淡定的生活态度，优雅还是得体而精致的外表。

作者欧石楠以感性温暖的语言，诠释了“优雅”的真谛，使每一个希望永远自信得体的女人都可从中受到启发。

图书在版编目（CIP）数据

优雅是女人最美的外衣 / 欧石楠著. --北京：中国纺织出版社，2015. 7 （2022.6重印）
ISBN 978-7-5180-1524-5

Ⅰ.①优… Ⅱ.①欧… Ⅲ.①女人—修养—通俗读物
Ⅳ.①B825-49

中国版本图书馆CIP数据核字（2015）第074993号

策划编辑：郝珊珊　　责任印制：储志伟

中国纺织出版社出版发行
地址：北京市朝阳区百子湾东里A407号楼　邮政编码：100124
销售电话：010—67004422　传真：010—87155801
http：//www.c-textilep.com
E-mail：faxing@c-textilep.com
中国纺织出版社天猫旗舰店
官方微博http：//weibo.com/2119887771
三河市延风印装有限公司印刷　各地新华书店经销
2015年7月第1版　2022年6月第2次印刷
开本：710 × 1000　1/16　印张：14
字数：127千字　定价：48.00元

唯有优雅，才能超越时光

由于在法国大使馆工作的缘故，我经常接触各种类型的法国人，有作曲家，有制作人，有流行歌手，也有很多平凡的法国人。他们的个性、样貌千差万别，但有一个毫无疑问的共同点，那就是在任何场合都优雅得体。且不说法国女人，法国男人也极其讲究，他们甚至会为找不到一件合适的衬衫而闭门不出。不过，今天我们的主题是女人，那我就说说我眼中的法国女人吧。

法国女人跟其他国家的女人给我的感觉截然不同，她们永远都那么出色得体，与长相无关，与出身无关，与财富无关。几乎每个法国女人都会让我产生眼前一亮的感觉，根本无需询问国籍。首先是她们优雅的仪态和气质，其次是极有品位的着装搭配，最后才是妆容和香水一类的点缀，所有这些方面累积在一起，就形成了一个强大的气场，把她周围每双眼睛都牢牢抓住。

即使你不曾真正感受过那种气场的吸引，也完全可以通过法国电影来了解法国女人。想要最直观地感受法国女人的魅力，大导演 Francois Ozon 的那部电影《8 Femmes》（中译名：《八美图》）就像一部法国女人教科书，你非看不可。这部电影讲述的是法国一栋乡村别墅里发生的一起谋杀案。男主人被人谋害了，而八个嫌疑人全是男主人最亲近的女人——他的妻子，两个年轻漂亮的女儿，潇洒的姐姐，未婚的小姨子，吝啬的岳母，侮慢的贴身女仆，以及忠心耿耿的女管家。

出演这八位女性的是法国影坛的老、中、青三代女星，尽管她们所扮演的角色年龄不同，性格各异，但不论是打杂的女佣还是当家的主妇，每个女人都是那么魅力四射，都让人记忆犹新。

我第一次看这部电影，就沉醉于那种魅力，后来才意识到那就是法式优雅的真谛。优雅是世界上唯一一种一种可以超越容貌、超越身份、超越年龄的东西，优雅的女人永远不会老。

如今，看到很多女人尤其是女明星，为了美丽甚至可以不惜一切代价，去隆鼻、丰胸、抽脂、垫下巴、做酒窝，这在我看来，简直不可思议，平时一点擦伤就会痛得落泪的柔弱女子，怎么一涉及美丽二字，就变得那么无溜畏惧了呢？即使整容成功又怎样？如果不懂得优雅的真谛，再美的外表也会让人感觉索然无味。殊不知，这些对外在的苛求是最经受不住时间考验的，就好像东施效颦一样，与其不惜血本去追求“形似”，倒不如提升内在的素养和气质来达到“神似”。

如果上帝没有给你美貌，那何不努力做到优雅，来超越美貌呢？

如果你已经幸运地拥有美貌，那何不用优雅来超越时光，让这美貌历久弥坚呢？

如果你想要做一个优雅的女人，静下心来仔细研究一下这本书就很好，作者石楠本身就是一个优雅的法式美女，她不会教你去盲目追捧那些奢华肤浅的东西，也不会教你那些隔夜即过时的所谓时尚，她只是想要帮助你从根本上认识自己，接受自己，爱上自己，最终优雅地装扮自己。

这是一本将会让高级时装和名牌化妆品的销售额大幅下降的书。因为读完它的每一个女人，在变得优雅的同时，也会建立起自己的时尚理念，在购物的时候变得更加聪明理智。

法国驻华大使馆　音乐项目官员

刘　倡

像巴黎女人一样优雅

上中学的时候，我看过一部法国电影，名字至今还清楚地记得，叫做《冬之心》，也译作《今生情未了》。故事讲述的是一场三角恋。史蒂芬与迈克西姆是好朋友兼工作搭档，史蒂芬做事认真、内向，而迈克西姆乐观开朗，善于交际。他们合开了一个出售及修理小提琴的工作室。

一天，在一家嘈杂的餐馆里，迈克西姆告诉斯蒂芬，他决定跟他的女友住在一起，而她就是他们的新客户——小提琴家演奏家卡米尔。当时卡米尔和她的经纪人就坐在他们的邻桌，与斯蒂芬正好坐对面，斯蒂芬对她一见钟情。当迈克西姆和卡米尔离开的时候，斯蒂芬呆呆地看着他们的背影说道："看那个被优雅感动的男人！"

至今我仍清楚地记得这句台词，也清楚地记得当时卡米尔梳着极其简单的发髻，穿着深咖色的外套，没有佩戴任何闪亮的饰物，也没有任何夸张妖媚的举止，却同时征服了两个优秀的男人。她的秘密武器就是优雅。

这就是我对法国女人的第一印象。

再后来，我心目中法国女人的代表就是朱丽叶·比诺什，她主演的《布拉格之恋》《新桥恋人》《英国病人》等经典影片我百看不厌。再往后，则是有着“法兰西玫瑰”之称的苏菲·玛索。抛却这些光鲜亮丽的大明星不说，现实生活中的法国女人也一样出色，似乎每一个都深谙时尚装扮之道，每一个都优雅迷人，但又绝不雷同。不知道这是由于法兰西民族浓郁的艺术气息的熏陶，还是法国的地理位置及其独特的文化传统的缘故，让法国女子受到上帝如此之多的青睐。

我有幸去过一次巴黎，走在大街上，满眼都是活色生香的法国女郎：飘逸的长发、高挑的身材、优雅的举止、温柔的语调、甜美的笑容。但仔细看去，她们的长发只是随意一挽，或者马尾或者发髻，少有染过的痕迹；她们的衣服也很普通，并非大牌，款式也不是那么前卫；她们的容貌也并非明艳照人，脸上也绝少浓妆艳抹。但她们对时尚有着独特的理解，她们知道如何将自己装扮得雅致妥帖。

如果你不够漂亮，一位彩妆师十分钟内就能让你丑小鸭变白天鹅；如果你不够时尚，一位造型师十分钟内就能让你麻雀变凤凰。**但优雅绝对无法一蹴而就，优雅更多的不是形容外表，而是形容一种修养与内涵，它包括自信、乐观、知性与友善。**

优雅首先是一种生活态度。这正是本书的作者欧石楠想要告诉大家的。石楠曾在巴黎待过很长一段时间，前前后后有八年之久，所以对法国女人的时尚装扮以及为人处世之道了解得甚为透彻。如果你像我一样，看过石楠出国之前的照片，那么石楠站在你面前的时候，你一定认不出她来。完全变了一个人——从略带些婴儿肥的青涩少女一下子蜕变成了一位装扮得体、谈吐风趣、顾盼生姿的优雅熟女。时间的原因固然存在，但也不能否认，漫长的法国生活对她的影响有多深远，从外在到人生观、幸福观。

很高兴，她最终把这些心得体会都写了下来，送到了姐妹们的面前，希望每一个看到这本书的女人都能一步一步，从内到外走向优雅，并从此改变自己枯燥乏味、一成不变的生活，拥抱完美幸福的人生。

CONTENTS 目录

Chapter 3

巴黎女人的梳妆台

Chapter 4

少而精，食而雅

Chapter 5

优雅是一种生活态度

Chapter 6

优雅的气质来自优雅的心态

Chapter 1　不花钱也优雅

◇时尚，不是金钱能够成全的
◇不花钱，生活也能很精彩
◇永远不被打折冲昏头脑
◇所谓世界品牌
◇精致至上
◇不做流行追逐者
◇巴黎女人的时尚穿衣经
◇妙用小饰品来为自己增色

.◦ 时尚，不是金钱能够成全的 ◦.

刚到巴黎的时候，我经常被巴黎朋友们的装扮所震撼，她们总是令我叹为观止。这倒不是说她们打扮得有多奢华，而是实在让人觉得，这样的装束太得体了，衣服、鞋子、佩饰以及妆容都搭配得刚刚好，和她们的个性，和她们身处的场合，和当时的季节与氛围——各方各面无一不相称，一分也增减不得。这不禁让一向不谙此道的我自惭形秽。

在这样的环境里浸淫久了——何况巴黎又是举世闻名的时尚之都——我也不免生出女人的好胜心来，一心想把自己也打扮得优雅又得体。于是我迈出了第一步：我主动邀请刚刚开始跟我熟络起来的几位朋友一起逛街，想一探她们的购物秘籍。那时在我的想象中，重头的购物地点不外那几个：玻马舍、老佛爷、春天、萨马丽丹等，品牌也不过就是那些最为著名的巴黎时尚豪门，只不过它们肯定是在巴黎投放了更多别的地方无法见到的设计品而已。

但结果却让我大失所望。接连逛了几次街的结果是，我的书架上多了七本书，屋子里的鲜花换了又换，客厅的地面上多了一块小巧而精致的地毯，参加了两次有趣的餐会（我甚至还成为了其中一次的话题人物），在地点各异的好几家品位不俗的咖啡店里灌了好多杯咖啡，看了一次画展，听了一场音乐会，还在街头观赏了两个小伙子的魔术表演——但我想要探知的事情却进展得并不顺利。

我的确也去看了那些美丽的衣裙、鞋子、帽子、饰品之类的东西，地点有商场和专卖店，也有跳蚤市场和街边小店，但是我并没有观察出具体的结果。她们的购物总是那么随性，但又非常挑剔；我以为她们的精致都是用奢侈和名牌的设计堆积出来的，但她们的目光却似乎远不止于此。

和她们逛街也和在国内与闺蜜们同游的情况很不同。国内的女孩子们一起逛街买衣服，难免叽叽喳喳凑在一起相互评点，衣服好不好、穿着效果如何、能够搭配什么样的裤子和鞋、适合佩戴什么样的饰品等，我们热衷于展开积极热烈的讨论，并把这种对对方的品头论足看做女人友谊和逛街乐趣的重要组成部分。

但巴黎女人不同，她们相互交换的意见在我看来，虽然真诚却不免有些过于客套和谨慎，眼神里总是一副有所保留的欣赏——这多少让我有些无所适从，当我积极地想要模仿她们的生活方式（起码是购物方式）时，却失望地发现并不能从她们那里得到太多的经验和指点，这让我一时不免犹豫。

不过，功夫不负有心人，相处久了，我也慢慢摸到了她们的门道。无论如何，对于巴黎女人来说，“自我”这个概念都是绝不会放下的，她们积极地欣赏别人的美，但绝不会轻易受人影响，更不会主动去模仿和跟风。

走在街上的时候，她们总是处于观察和鉴赏的状态，有时候也会为别人的穿着打扮交头接耳，但更多的却是在欣赏的同时暗暗评估与自己的契合度，揣摩更让自己觉得妥帖的装扮方式。所以她们常常同行却并不会相互议论，因为无论如何，这都是自己的事情，该怎么做，只有自己最清楚。只要她们觉得适合自己，哪怕穿一件地摊上买来的塑料雨衣配着不知从哪儿捣鼓来的草鞋，也绝不会失去半点风韵。

这也就是她们从来不会做花大钱却把自己打扮得洋相尽出的傻事的原因。装扮是个细致活儿，并不是每个人都能掌握装扮自己的艺术，于是总有人盲目地相信越大牌的产品和越高档的设计就越能让自己非凡出众——是的，出众是够出众了，却往往因为不合时宜甚至暴露出自己缺点的穿着而贻笑大方，这在娱乐圈可是常见的事。但这里面有几个会是巴黎女人呢？不，不会，她们绝不迷信用金钱堆积出来的他人之手，只信任自己的品位和感受。

“他们比你更熟悉时尚、熟悉搭配、熟悉剪裁、熟悉色彩，但你比他们更熟悉你自己。”熟识之后，她们这样说。

我豁然开朗。

当然她们也并不会在装扮方面吝啬半分。每个人都喜欢剪裁好、面料好、质量好的衣物、鞋帽和装饰品，这会让女人显得更得体也更端庄，巴黎女人也不例外，或者说，在某种程度上，她们更懂得收集真正有价值的东西。她们也常常不惜血本去买那些质量上乘的东西，但是和美国女人那种挥霍式的购买不同，她们总是挑选那些能够真正展示自己的魅力，并且能够一连用上好多年的东西——这也算是一种节俭的手法吗？或许这就是她们的生活经济学吧：**绝不为一时的潮流和诱惑而挥霍，只肯花大钱买经用的东西；不盲目地崇信高价品、名牌货，而是着重依赖自己的个性和品位。**

真正理解并学会这两点是不容易的，我花了很长时间，甚至到现在我也不能说能真的游刃有余于其中。只是每次看到在大商场里排着队忍着气购买限量的奢侈品的同胞时，总是禁不住想将她们劝回去。**毕竟，时尚，不是单用金钱就能成全的。**

不花钱，生活也能很精彩

某年圣诞假期的时候我到朋友珍娜家做客，珍娜已经结婚五年了，她是一位小学老师，而她老公是位工程师。他们这样的家庭在法国很普通，丝毫也称不上富有，但珍娜把这个家经营得有声有色。

一进门，我就先惊讶于客厅里一套全新的布艺。朋友钟爱茶色，她丈夫喜欢绿色，于是便有了一套融合茶色的安详稳重和绿色的清新自然的窗帘、沙发套、椅套、桌布，甚至地毯！和他们原本的那些家具搭配在一起，实在是相宜至极。细细看来，这套布艺的做工着实精致，不但裁剪的方式能够将布面的花纹最好地体现出来，而且边缘部分的滚边、镶边和镂空等工艺也做得很精美，手法简单却相当讨巧，一点也不会让人觉得敷衍简陋，反倒有简洁别致之感。我猜测这应该出自某个精于设计和调配的高级手工制作者之手，方能做出那么切合他们的喜好、融合于周围环境而又精细的成套装饰，没想到一问出口，她倒是冲我挤挤眼睛，一脸得意：这些竟全是她的作品！

多么令人惊讶。我一时间竟然不知道该说什么才好。要我说，完成这套作品并不算什么，这些东西在布艺制作中要算是最简单的类型，尽管它们体积庞大（尤其是窗帘），在整体协调上有可能顾此失彼；但要

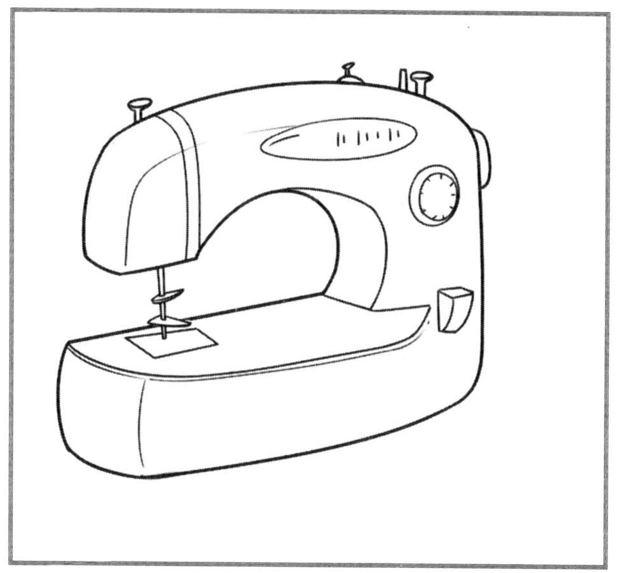

自己动手，丰衣足食，这在巴黎女人来看可不是贫困年代艰苦求生的不得已之法，而是实实在在的生活乐趣，也是一种精致而现实的生活之道。

恰到好处地搭配各种颜色和花纹，把握与周围环境、家具造型的良好配合，还要不失精巧地做些小工艺在上面，就不是那么容易了，就我自己来说，铁定没有那么好的设计感来把这些东西都安置适宜。然而在这一切之上，最难得的倒不是任何的设计和技巧，而是那份乐于自己动手的闲适心情，以及积极装点生活的精巧美意。这样的心情和美意已被我忘记多久了呢？仿佛从十几年前起，埋头于学习和工作中的我早就失去了自己动手的闲情逸致，即使偶尔浮起好心情，也不过是买一些现成的新巧玩意儿，然后在不停地淘汰和购买中患得患失，钱花了不少，却并不能真正让自己感到满意。

我想我该学着点朋友的方式。她说得对，能够真正了解自己的，只有自己，何况自己动手裁剪缝补，会让生活别有一番趣味。

巴黎女人天生具有独特的美感，由此也让无数的时尚名牌在此应运而生，但归根结底，又有哪一种品牌能真正体现出她们的魅力呢？她们的魅力是灵动的，是鲜活的，是生活中时时刻刻的、不经意的生动的灵感，这些东西，又有哪一种品牌能够全面地表达得了呢？所以，聪明的巴黎女人从不迷信名牌，即使她们拥有世界上最动人心弦最多的时尚品牌。**除了最经典最有品位的一些设计和材质外，在日常生活中她们更乐于独辟蹊径——“与其花大价钱去购买，不如自己想办法去创造。”**实为至理名言。

自己动手，丰衣足食，这在巴黎女人来看可不是贫困年代艰苦求生的不得已之法，而是实实在在的生活乐趣，也是一种精致而现实的生活之道。

我在语言学校时的一位老师（后来成了我的好朋友）也非常热衷于自己裁剪，常常将一些旧时的衣物改造成新潮的样式，时常让我们又是惊讶又是艳羡。有一次我在街头碰到她，她穿着一条斜开衩的大花长裙，繁复的褶子中隐隐可见其修长健美的小腿，腰侧的大花装饰颇有西班牙风情。

我觉得这裙子非常适合她高挑的身材，而她却告诉我，这看似所费颇丰的裙子，竟是她用一块不太常用的桌布改造的！而她用来与之搭配的那件葱绿色小衬衣，则是改造自她母亲的旧衣服，她所做的不过是在领口和袖口处改动了尺寸，再多加了些装饰，就完完全全具有了自己的风格。这真是件奇妙的事情。

还有一次，那是在为一位朋友的生日而举行的化装舞会上，我注意到她穿了一件颇具童话风格的深蓝色大袍子，上面装饰着各种房子、城堡、稻草人、马车和小姑娘的剪纸，一问之下才得知，这些都是她女儿在学校里上手工课的作品——竟被她如此妙用了。这份精巧的心思和夸耀女儿的母亲之心一时间得到了所有人的赞许。

这些改造品对她来说都是得来全不费工夫的，除了一些时间和精力之外别无花费。事实上，喜欢进行这样的改造的巴黎女人可是为数不少。在我看来，时间和精力也是制作的成本，这也是我很难拿出大量的时间和精力去制作东西的原因之一，但在巴黎女人眼里，只要没让她们付出真金白银，那就相当于是没有花费。至于消耗在其中的时间和精力——**自己的设计、手工制作、技巧的学习和锻炼，这些本就是生活滋味的一部分，正因为对它们有所用心，才构成真实而立体的生活。**

让时间静静地从踩着优雅舞步的针脚间流过，远胜于让金钱在灯红酒绿中消逝于不真切的流行和繁华中，这正是巴黎女人的生活哲学之一。

永远不被打折冲昏头脑

以前看到过一句很有意思的话："打折是女人的天敌。"粗粗一看貌似无理，细想来却颇有意趣。毕竟女人都是购物狂，再宅的女人也有隐藏的"购物热点"，一旦发作就不可收拾。唯一能制止这股狂热的恐怕就只有昂贵的价格了，掂量掂量自己的荷包，女人才会无奈地铩羽而归。但打折却会把这种平衡打破，于是平日被压抑的"购物狂"一触即发。打折这两个字，真真是女人的天敌啊。

于是很容易看见的场景就是，一旦打折，商场、超市就会人满为患。即使是街头的小店，一旦挂出"降价""促销""打折""甩卖"的招牌，即使商品的质量稀松平常，也常被准备血拼的女人挤破头。

当然，绝不是只有中国人才这样，全世界的女人都会为打折而疯狂，且疯狂的程度绝对非同寻常。看过《老友记》的朋友们恐怕都会对其中莫妮卡抢婚纱的一幕记忆犹新，那战场般的疯狂实在令人叹为观止，即使排除影视剧的夸张成分也还是触目惊心。

其实富裕的西欧各国人民对待打折一样狂热，每年圣诞或元旦过后，各个商家都会进行大减价。这简直就是一场"购物嘉年华"。前一阵在伦敦的朋友还在电话里抱怨她在商场里硬是被挤丢了一只鞋，就为着这家向来高傲的商场竟破天荒地挂出了打折的招牌，引来无数女人蜂拥而至。她在汹涌人潮中苦苦支持，在被迫和一个、两个、三个女伴逐渐挤散之后，终于迎来了鞋被挤掉而人硬是被人潮挤走、无法回头拾起的厄运。

在这一点上，法国女人也不能免俗。尽管法国时装引领着世界的潮流，但普通法国人平时很少购进昂贵的衣服。她们会选在一年两次的大减价（Solde）期间购买。大减价的具体起始日期由当局统一规定，夏季减价在 7 月初法国人开始度假之前，冬季减价在圣诞或元旦以后。名牌时装大减价通常在 3 月及 7 月。每次为期 6 周。法律规定，任何打折的商品不但要标上处理的价钱，还必须标上原价，不可以在打折前突击涨价，否则会被重罚。但是，大减价的范围仅限于衣和鞋，食品、内衣、香水都不在减价行列，即使有折扣，打折幅度也有限。

在巴黎生活过的人都知道，大减价期间，最便宜的地方不是香榭丽舍大街上的名牌店，而是郊区的工厂店。巴黎近郊的欧洲谷以及小城 TROYS 的名牌衣物以及包包简直就是地摊价，让人忍不住热血沸腾。

面对如此诱惑，我们还等什么，扫货去！

但法国女人通常不会头脑一热，提着荷包就上阵血拼。她们往往会在大减价之前逛街，选好自己喜欢的商品，然后在大减价的时候再冲进商场。有些经验丰富的法国女人还会选择在折扣最低的减价结束前夜才去从容地拎走自己期待已久的漂亮衣服和鞋子。

每到大减价前夜，我就开始坐不住了，走进商场更是手忙脚乱，看到什么都想买，刚逛了一个小时，已经大包小包十来个了，但我的巴黎朋友却只买自己早就物色好的东西，毫不慌乱，也不盲目。

当我提出自己的疑问后，她们也表示出相当的疑惑来：“便宜是很好很重要没错，可是，为什么要去贪图便宜？”她用力地强调了“贪图”这个字眼。

我似乎有些明白了。便宜是一回事，贪图便宜是另一回事。**巴黎女人爱的是货物的品质，如果价钱便宜的话当然最好，但更重要的还是对品质的追求。物美和价廉，如果不能兼而得之的话，那就义无反顾地选择前者**。但贪图便宜却根本不是这么回事了。此外，用不着的东西即使是跳楼价她们也不会买。

想来所有的女人都有过这样的经历，那就是当商场打折的时候，一时性起搜刮而来的战利品其实只有很少部分是自己真正想要的，大部分实际上都可有可无，只是看在低价的份上才不忍放弃，结果买回家也只是束之高阁。当狂热过去，冷静回来之后就会发现，一时的贪图便宜给自己带来的却是精力、时间和金钱的更多损失。这实在是刺痛天下女人心的一笔明账，简简单单，会算的却寥寥无几。

现在这本账就放在巴黎女人心里。真是让人不得不佩服她们消费的理性。

其实相处久了才慢慢知道，真正促使她们不贪便宜的，还是“品位”二字。

所谓世界品牌

在来巴黎之前，我对于巴黎的想象其实是相当模糊的。说到法国可能会想到许多，无论是文化还是政治，无论是时尚还是历史，无论是学术还是享受，都有能够让印象深刻且能一下子想起来的东西。但要具体地说到巴黎，除了那些举世闻名的艺术聚集地之外，我能想到的也就只有电视上时常看到的巴黎时装周的展示会了。当然，那只是巴黎的时尚符号的一个代表，在巴黎这个名副其实的世界时尚之都还拥有各种各样享誉世界的超级品牌。巴黎——那简直就是一座超级品牌堆积起来的璀璨的城市——这实在是国内的朋友们无数次于我耳提面命的教育内容。

于是在我的想象中，巴黎开始变得光怪陆离起来，各种缤纷的色彩如同熔化的玻璃一样斑驳于这个城市的面目中，而巴黎人则在那些“顶级”的、“超一流”的、“奢华”的时尚巨鳄们的统领和武装下，高傲地占据着世界时尚金字塔的最顶端。

毋庸置疑，这样的想象在真正踏上巴黎的土地后，迅速地就烟消云散了。

实际上这个“迅速”是长达两个月的时间。最初的时间里我还在忙着感受这个国际大都市的超凡魅力，和在语言学校认识的朋友们一起，继续为这个超级时尚之都而惊叹。我们曾一起感慨过，等我们慢慢熟悉了这个城市并且站稳脚跟之后，就将拥有与巴黎女人一样的生活，那将是我那些在国内的向往着世界名牌却苦于高昂价格的朋友们所羡慕的：我的梳妆台上，将很随意地摆放着 BIOTHERM、L`oreal、Avene、Evian、OLEVA、YSL、Lancôme 的产品；一拉开我的衣橱，Dior、CHANEL、PUSAVON、VAELLIN、ELLE、BALENCIAGA，这些出自名家之手的服装能把我这个身材实在不怎么样的人也装扮得靓丽宜人——是的，正是它们打造了让全世界的人都为之惊叹的巴黎女人，只要有它们的装扮，平庸如我也能变得光彩照人。

但是，事实并非如此。在真正地开始了我的巴黎生活后，在真正地开始走进巴黎女人的真实世界后，我发现她们对这些超级品牌的消费，实在少得可怜。当然她们也会走进那些总是拥挤着外国游客的大商场，或是享受那些装潢得典雅精致的专卖店里服务生和设计师们体贴而细致的服务，但对大部分的巴黎女人来说，这些所谓的顶级品牌并不能吸引多少她们的目光。相比而言，她们更钟情于一些不那么享有世界级声誉的商店，一些颇有设计创意却在经营上仿佛手工作坊似的私家小店；她们乐于享受购物的乐趣，享受在琳琅满目的市场上挑选出适合自己的产品，享受和那些新兴的富有创造力的技师们讨论装扮的细节，享受将普通的衣物搭配成充满个人风味的时尚精品的过程，甚至也享受自己动手，将个性与风格体现得无与伦比，却实在对追捧那些价格高昂的超级品牌兴趣索然。**按她们自己的话说，那些超级品牌只是“盲目而缺乏灵感的懒惰的有钱人用以装点时尚商业市场的花饰”，又或者——另一个朋友说得更直接——“那些东西并不是真正地为了创造美好而富有生气的生活而制造的，它们只是拿来赚外国人的钱的商品。”**

真是一语惊醒梦中人。我惊讶于这位朋友愿意把话说得如此清楚明白，毕竟这可是她们在世界上相当重要的一块招牌，而这块招牌也确确实实给她们带来了可观的收入——想想全世界的名牌崇拜者们每年向这些公司贡献了多少利润吧！但我也不得不同意这位朋友的话，在巴黎，对那些名牌蜂拥而至的，永远是外国人；而就我所见，对那些名牌抱有美好的憧憬和向往的，也永远是外国人——即使是自大又善于打造“如梦幻般的美好”的美国人，也对于来自欧洲，来自巴黎的这些时尚巨头们趋之若鹜。

而对巴黎女人来说，生活是自己创造的，而不是名牌；是她们制造了时尚，而不是时尚左右着她们。她们知道，时尚市场只不过是商人们制造出来的“美丽陷阱”罢了。既然如此，那又怎么会傻得跳进去呢？

如今我也变成了一个不再迷信“美丽陷阱”的人。当然，这事实上是不太符合法国人对于外国人的期待的，他们依旧——是的，既然是他们创造了它——希望越来越多的外国人踊跃地跳进这个陷阱里去，成为他们的财源。可惜这个美丽的神话却恰好被真实的巴黎女人以自己的生活方式给打破了——真正的巴黎女人，除了那些“盲目而缺乏灵感的懒惰的有钱人”之外的巴黎女人。她们依旧用自己的创意和个性装点着生活，并且不愿依附那些用“顶级”和“高端”包装出来的商业品牌，她们不希望困在这些“美丽陷阱”里，并被它们夺走自己对生活和自我的掌控。商业归商业，生活归生活。

如果要说巴黎女人凭什么被称为最优雅的女人，那么这一点，应该享有极为重要的地位。

精致至上

有一次我和朋友一起去逛街，在某个街边的小杂物店里看到了一盏精美的台灯。它的灯罩是暖黄色的，做成柔软的花瓣的样子，花瓣边缘用铜丝进行了包裹。灯架也是用铜做成的，并且模仿藤条和叶子的模样做了很多精巧的装饰。这真是一个可爱的小东西，那纯手工打造的叶蔓和枝节之间还残留着工匠的拳拳匠心；虽然它已经不是崭新的了，但上一位主人想必也非常爱惜地使用着它，那些铜条上留下了久经摩挲的痕迹，反而更添了一份生活的韵致。

朋友对它简直一见钟情。那时候她刚刚换了新居，家具和装饰已基本到位，唯一迟迟不能定下来的便是床头的一盏台灯：她坚持认为那得是非常令她自己满意的一件东西。在此之前，她遇到的最令她满意的一盏台灯是具有工业设计感的，设计简洁而有创意，线条流畅干净——那也实在是个不错的选择，而事实上我们当时正走在前去购买的路上。但这一次偶遇改变了她的选择：在经过了长达数小时的犹豫之后，她选择了这盏更具古典风味的灯，尽管它因为纯手工制作而实在价格不菲（虽然是二手货）。“实在是无法放弃如此精致的东西——它太可爱了！”捧得心爱之物的朋友仿佛小女孩一样心花怒放，而我也得承认，这样一

很多时候对巴黎女人来说，精致甚至几乎是她们对生活追求的全部。她们会竭尽全力地购买力所能及的最精致的物品，无论是衣着还是家具还是小饰品。

件精致得几乎完美无缺的东西，的确会让每一个看到它的女人都爱不释手。

我实在不能形容，“精巧”这两个字到底有多么令女人感动。这两个字——以及具有这两个字的精髓的那些小东西，就仿佛天使的密语一会让女人由衷地发出最虔诚的赞美、奉出最无私的贡献。所有的女人，无论她们是幼稚还是成熟，无论她们是年轻还是年老，无论她们是富有还是贫穷，也无论她们属于哪一个国家、哪一种民族，都逃不过这些精巧之物的魔力。在这一点上，巴黎女人也绝不会有丝毫的例外。我这位对一盏旧台灯（但它确实是一件精致的美物）爱恋不已的朋友就是一个绝好的例证。

很多时候对巴黎女人来说，精致甚至几乎是她们对生活追求的全部。她们会竭尽全力地购买力所能及的最精致的物品，无论是衣着还是家具还是小饰品。

“花点大价钱买些真正的精致之物有什么不对呢？它们能够存放很久，经得起时间的考验；最关键的是，它们才真的能够给你美的享受，才能够真正显露出你的品位。如果东西本身的质感不够好，那么仅仅有一瞬间，你会被它炫目的外表所迷惑，但你终究会为它粗糙的做工和敷衍的质地而感到后悔不已——我可宁愿事先为将来的愉悦心情花点钱，而绝对不要被一些粗制滥造的劣等品所包围。”一位朋友如是说。

我想这是一种值得赞赏的消费观，实际上，这算盘打得很划算。有一位朋友算过一笔很有趣的账：她的祖母曾在年轻时买过一架全铜的、每一个挂钩上都雕刻着小花的极为漂亮的长衣架。这个衣架在她祖母家一直服役了 49 年，后来又搬到我这位朋友的家里，用以搭配她那张复古式的带金属床架的大床。它使用了如此之久，并在那位祖母的精心擦拭下并没有多少残破的痕迹，也一点都没有显得过时，反而成了我朋友房间里最令人惊叹的一件家具。想想看，如果它不是这样一件精致的东西，在这么长的时间里，她们将为一个合适的衣架多花费多少钱呢？如果它不是这样一件精致的东西，我的朋友想要找到一件让众人都觉得无比美妙的衣架，又得多花费多少金钱、时间和精力呢？然而一切的猜测都终止于它的精致了。

这就是为什么巴黎女人在购物时，绝对坚持精致至上。它们足够赏心悦目，又绝对物超所值。一位朋友的母亲跟我说，她有一条货真价实的珍珠项链，质地非常好，当年购买的时候实在让她下了一番狠心。但是——“这么些年来，每当我需要走到那种——你知道，场面上的场合时，我就拿出它来。虽然这种时候一年也有不了几次，但每一次它都能为我带来真正的欣赏和赞美。它是有这个魅力的，对吧。”这就是真正的精美之物所具有的价值。

巴黎女人钟爱真正的精致之物，对她们来说，这实在是不能放弃的生活的享受。不仅仅是物质上的精致，对于饮食，以及精神生活，她们也同样希望能够得到其中的精致魅力。中国人做菜讲究“色香味俱全”，对于喜好享受美食的巴黎女人来说，进餐同样是一场视觉、听觉、味觉、触觉的全方位享受，任何一方面的缺陷都会让她们感到非常遗憾；她们对于文化的消费也非常谨慎，这倒不是说她们必定个个都具备多高的文化素养（尽管的确很多巴黎人都具有不负于这个文艺都市的非凡的鉴赏能力），而是她们喜欢谨慎地选择自己乐于欣赏的，以及真正能够让自己觉得感动的东西。她们并不愿意为了潮流的热炒而埋单，因为一时的潮流里总会混合着许多并不精致的东西，而她们愿意等待潮流退去，等待真正有价值的东西如同金子般沉淀下来。

无论从哪一方面来说，巴黎女人都是愿意全心全意追求精致的类型。毕竟，生活就是一场精益求精的历练，对于完美和高尚的追求，女人们从来就不会放弃。

大减价期间购物必读

Tips

1. 提前去商场或店铺看好自己喜欢的物品，然后在大减价期间购买。

2. 越早去选购越好。大减价的目的是“以优惠价格来加速售出全部或一部分商品库存”，越早去购物，选择的余地就越大。否则晚去的人就买不到自己尺码的服装和鞋子。

3. 大减价接近尾声时再去筛选一次，因为越是临近结束，减价的幅度就越大。对于一些可买可不买的东西，应当到这时去买。

4. 不买主打款，不买广告款，或类似广告款，否则撞衫概率会很高。但是，如果是著名设计师的作品，价格还算合理的话，一定要狠狠心买下。

5. 用不着的东西即使是折扣再低也不要买。

不做流行追逐者

有一年我过生日的时候我的朋友送了我一条披肩，据说是用秘鲁的什么驼的毛绒织成的，质地相当柔软，摸起来非常舒服。但这并不是这件礼物最出彩之处。我喜欢的是披肩边缘秀丽的花纹，那柔和的线条和色彩在典雅中不失灵动，看起来非常舒服。对于这样一件让自己非常满意又开心的礼物，我必然要对朋友表示最大的谢意；然而果然不出我所料，当我说完自己的赞美之词后，她非常得意地加了一句，那些让我格外中意的修饰的花纹，是她在拿到披肩后再自己设计出花样，然后特别找工艺师加上去的。

我的巴黎朋友总是如此钟爱别出心裁。

走在巴黎的大街上，有时候我心里会突然生出一种奇怪的感觉来。别怪我用了“奇怪”这个词，因为我确实很难明确地把握或者解释它：我看着在楼宇间来来往往的人们，有时候会有恍如隔世的感觉，仿佛一瞬间自己回到了以前的时代；有时候又总不免被某些色彩或剪裁所打动，或者被某些不可多得的风姿所俘获，而不得不感慨自己确然生活在以时尚闻名的城市里。然而实际的情况是，巴黎是一个游走在时尚和流行之间的城市。我之所以这样说，是因为在巴黎，处处都可以找到时尚的踪迹，仿佛满街飘散着无数名为“灵感”或者“美感”的精灵，在你不经意的时候总能给你以视觉和心灵上的愉悦享受，但它却又不会被流行的大潮所浮载起来。

真实的巴黎总和T型台上的，和外国购买者拥挤涌动的大商场里的巴黎有着微妙的错位，却恰是这种错位格外叫人喜爱：那种游离于流行之外的动人时尚……

现在的流行中心早已不仅仅是巴黎而已。意大利米兰一向是巴黎在时尚方面的强力竞争者，而近年来的伦敦和东京也大有后来者居上的趋势，甚至中国香港也渐有全球时尚焦点的风范。但我曾听朋友说，教会古罗马人穿彩色衣服的，正是古代的高卢人，可见法国人从很早的时候就已经独领风骚于西方世界了。

我没有去细致地考究过这个故事的真假，但我确实同意，法国人——巴黎人有她们天生的美感，总是能够在很多意想不到的地方挖掘出别具风格的惊喜来，而她们在搭配上的天然直觉也让人叹为观止，要创造出她们的绝对个人魅力，实在是巴黎女人天生的才能——这一点，总是让无论是时尚设计师们还是各地来的游客们全都惊叹不已，而只能追在她们身后百般模仿。这也正是那么多时尚大鳄和艺术大师诞生在巴黎的原因吧。

我曾经有一次在某个商场看到这样一幕：有位穿着入时的男士正在商场里闲逛，目光左右游移，然后突然站住了，仔细地端详着前方的什么，并且迅速地从裤袋里掏出一个小本子和铅笔，在上面描画起来。我一时好奇便随着他的目光看过去，看到一个穿着黑色绒衣、橙红色短裙的姑娘正斜斜地坐在鞋区的凳子上，一脸百无聊赖又矜持的慵懒，两朵大红色的小蝴蝶结在她黑色的皮鞋上若隐若现。

说实话，她并不美，细究她的衣物，也没有什么特别出彩之处——但是我确实认同那位男士描摹她的心情：有一种难以言喻的滋味被那姑娘完美地表达出来了，那是一种仿佛看到漆黑的屋子里，从仅有的一扇窗户透入了一缕阳光，烟尘在阳光中上下飞舞，光影将空间切割成明暗的两端的感受。我不敢肯定这位男士究竟是出于何种目的而开始了描画，但我知道，这又是一位被巴黎女人的魅力所俘获的追逐者。

长得不够漂亮，却有着格外吸引人的魅力；并不追求流行，却总能让人获得时尚的灵感——这就是巴黎女人。她们厌倦时常改变的庸俗潮流，也绝不乐于跟风模仿别人的穿着打扮，于是想尽了一切办法为自己增添独特的标识，却又偏偏掀起了流行的风潮，让别人不知不觉间被她们所带动或引领，这实在是时尚界的一大悖论吧。（当然，能够引动风潮的也不仅仅是巴黎女人，世上所有的女人都有自己独特的魅力，只是或许缺乏了她们那样擅长表现和设计自己的能力。）

巴黎女人的时尚穿衣经

我是个对穿着相当不在乎的人。我通常的装束就是一件随性的T恤，一条牛仔裤，一双帆布鞋，或者再加上一件大外套。在国内时我就常常被那些讲究穿着的朋友们批评："你穿得太没型了！"当她们听说我要去巴黎留学时，都开玩笑说恭喜我即将成为巴黎美女身边的"超级绿叶"。"不过，也许你将会发生彻头彻尾的改变。"有些朋友并没有对我完全失望。

但令我惊奇的是，巴黎的新朋友对我的着装的评价竟然是："你穿得很有个性。"个性？我把自己从头看到脚：这不是最普通的装束吗？"对，就是普通。从你的衣服上能看出你的个性：散漫、不拘小节、保守、恋旧，还有，有一种对珍爱之物的深切的爱心。"她指着我穿了三年却洗得非常细心的裤子，还有我衣柜里那些叠放得整整齐齐的衣服说道。

我由这句话突然意识到，对，**所谓的个性，并非表示一定要标新立异，而是一定要表达出真实的自我。这一点看起来容易，但其实仍然需要花费一定的心思，而随随便便的不修边幅和随性的自由散漫一定具有不同的意义。**"即使不在乎自己的穿着，你也绝对不会挑选那些不适合自己风格的东西；即使别人夸耀你穿着某样东西很好看，你也一定会在心里进行一次评估。对不对？”我对朋友的论断表示同意：我的确是这样一个人。

于是我得到了融入巴黎的第一个认可：穿衣之道在于拥有个性。绝对不随随便便就去复制别人的模样。即使当初香奈儿的服装改革震撼了整个时尚界，巴黎女人也并没有一窝蜂地模仿，而是采取了谨慎的观望，逐渐地把这些时尚的衣物穿在了身上；即使好莱坞的大片一波一波地朝法国涌来，美国人的面孔在戛纳电影节上出现得越来越多，巴黎女人也并不愿意去抄袭影星们的装扮——连德纳芙的着装她们都不会去照搬，又何况别人呢。穿衣服是自己的事，既不是影星的事，也不是流行的事，而那些一季一季展示的时装周上的亮丽衣装，“不过是可供参考的目录”。每一件衣服、每一种剪裁、每一样色彩，穿起来到底合不合适，别人说了不算，时尚杂志说了不算，只有自己说了算。

我看过一位朋友内里真空地穿着一件大绒线衫，下面穿着黑丝袜，套着黑色高筒靴。这要放在别处，铁定会被评价为不恰当不合适甚至有点——不上道。但我确实得说她穿得很好看。也许是她强烈的个人气质让衣服显出了别样的特色：没有不协调也没有很低俗，她笑得如此妩媚，白皙的脖子从大绒线衫中露出来，给人恰到好处的、性感却不猥琐的联想。还有一位朋友，上班时竟然穿着一件上世纪流行过的垫肩的大西服，再配上发梢上翘仿佛飞机头一般的发型，整个人看起来相当的戏剧化。但是有人认为她穿得不适合吗？那一条金色的腰带配着里面的小套裙就足够柔和所有的尖锐了。

也许巴黎女人确实具有穿得有个性的优势。她们大部分有美丽的身材，能够轻松地将各种不同款式的衣服都穿得很好看；她们有不错的气质和良好的修养，能够很好地体现出衣服的优点，甚至把很普通的衣服穿得别具魅力；她们有精巧的手艺和愿意装扮的细腻心思，常常能给自己的衣物进行巧妙的搭配，或是用小饰品增添自己的光辉。更关键的是，她们有自信。“**每个女人都是美丽的，只要自己愿意去发掘。要相信你能够穿得超凡脱俗。你不用变成最漂亮的那个人，但你可以让自己成为最美丽、最有魅力的那一个。**”坚持个性也许正是因为如此。

我曾经很想模仿她们，成为一个精通穿衣之道、能够随时将自己打扮得很靓丽的人。但模仿显然是不可取的。不过朋友们也告诉了我一个装扮好自己的秘诀：想象身边有一个人。很多时候忘记将自己打扮得更好，忘记从衣着上来突出自己，忘记从行为举止的优雅、适宜上来点缀自己，都是因为失去了一双期待美丽的眼睛。但是，想象自己身在舞台上——巴黎女人相信人生是一个大舞台，而自己的生命就是舞台上光彩夺目的主角。“仿佛要让舞台下的每个人认识自己、记得自己，就得时时刻刻把每一件衣服都变成自己外在的皮肤，把每一种味道都变成自己本身的气息。如果不这样，那么，你将泯然于众生当中。”

把自己变成这世界上独一无二的那一个，这真是一件有趣的事。这也正是每个巴黎女人都一定会遵守的着装经：尊重个性。因为她们深信，自己永远是独一无二、令人难忘的那一个。

巴黎美女的购衣之道

Tips

1. 不被朋友或营业员的劝说所左右。一件连自己都不满意的衣服注定是不可能得到其他人的认可的。朋友的建议可以作为参考，却不应该是影响你取舍的最终因素，当然，营业员的建议就更加需要小心对待了。

2. 不轻易受流行资讯的影响。流行的未必是适合你的，寻找属于自己的 style，你，就是流行。

3. 寻找适合自己的品牌。每一种品牌都拥有自己独特的设计理念与适用人群，当多次尝试确定了与自己契合度较高的品牌时，不要轻易更换。

.◦ 妙用小饰品来为自己增色 ◦.

我曾在网上看过一个八卦：美国前国务卿奥尔布赖特女士拿自己的胸针当作外交的武器！当然这可不是说她拿胸针当作攻击对方的利器，而是指她在外交场合中以佩戴不同的胸针来暗示自己不同的心情，表达各种语言无法直接描述的情绪。据说这可是这位美国历史上第一位女国务卿极为自得的一项举动，甚至还有意为自己的胸针“功臣”们办一次展览！

这就是女人的行为方式吧，即使步入政坛，女人依然有女人独特的表现方式；而用胸针来表达自我，也足可以看得出这小小的东西对女人来说，有着多么难以替代的好处。

而对于我的巴黎朋友来说，这个故事却是有趣但难以推崇的。她们赞赏奥尔布赖特女士对于小饰品的珍爱和巧妙的运用，却又实在觉得，将那么“可爱的，寄予着人们追求美好之心的”小东西用于复杂而冷酷的政治，多少有些令人悲伤。在此请原谅她们对于政治的冷淡，或许这只是因为她们太过于从感性的意义上来珍重那些精巧的小玩意儿了。

而事实上，这些小饰品对于她们来说的确相当重要。**巴黎女人从不**

能够作为装点的东西真是太多了。胸针、耳环、项链、戒指，还包括手链、腰带之类也都颇受人重视。

会忘记在适当的时间、地点、场合、装扮上为自己加入一些小饰品的点缀，而这也往往能在她们准确的使用中为她们增添不少的魅力。来听听我所熟悉的一位先生是怎么对他的妻子一见钟情的吧：“当时我正在酒吧里跟几个朋友聊天，然后她进来了。安德鲁看到了她，就跟她打招呼（据说他们此前曾是同事），于是她过来跟我们聊了几句。当时——我不知道我是怎么想的——我的注意力全在她的那对耳环上了。你知道，就是那对带着长长的银色流苏的耳环。我得说那对小家伙和她配在一起真是合适极了，整个人显得格外轻快又高雅。我一直看着她，看着那小东西随着她说话时的摆动而不停地摇晃，像被催眠了一样盯着，说话什么的都顾不上了。后来她说我给她留下的第一印象就是‘那个愣愣的傻家伙’，真是的，白白让她笑了我很久！”

用一对耳环赢回来了一个老公，我实在不知道该说是耳环太美丽，还是使用它的人太懂得利用这些小东西来魅惑人心。我完全相信这位先生的经历，因为对女人来说，用对这些小装饰实在能给自己增色不少。对于很多上班的时候只能穿着刻板的套装的人来说，这些小饰品更是不可忽视的重要之物。我的上司就极其懂得使用它们。记得第一次见到她的时候，她穿着一身剪裁合体但没有任何新颖之处的粉蓝色套装，内里衬着奶白色的毛衣。当时我还在想，如果她再戴上一副宽边的黑超，那就十足一派古板风了，这可和我想象过的时尚又活跃的女上司一点都不一样。紧接着她看到了我，满面春风地朝我走了过来，我也注意到了她胸前那串斑斓的紫葡萄——不，单用紫色形容是不够的，那是一串水晶做成的、有着各种紫色系变色的葡萄，周边搭配着或金色或银色的小叶片，做工精巧而灵活，衬得她的双目也流转着动人的水光。不得不说，这东西真是一下子改变了她整个人的形象。

能够作为装点的东西真是太多了。胸针、耳环、项链、戒指，还包括手链、腰带之类也都颇受人重视。这些东西时常随着她们的衣着变来变去，常常看得我眼花缭乱。另一点让我很高兴的是，我的朋友们都很喜欢我回国时给她们带回来的用中国传统编织法编成的手链，更让她们爱不释手的，是那些吊了瓷做的小鞋子的精致小玩意儿。有位朋友甚至把我送给她的一对彩色小瓷鱼做成了耳坠！我真是佩服她们的创意。

其实还有一样东西对她们来说也是别具特色的装饰品，那就是眼镜。现在的镜框都做得多姿多彩，早就充分具备了装饰的功能。有位朋友（她本身的确有些近视）更是将眼镜作为了自己的收藏，我数了数，她所拥有的各种类型的眼镜（不包括墨镜，那几乎纯粹是装饰品）就有七十多副。我实在无法形容当她戴上那副粉红色的、有着波浪一样的镜架的眼镜，再搭配她可爱的小海豚耳坠让她显得多么可爱！

女人都是喜欢这些小东西的。对巴黎女人来说，如果不能很好地运用这些小装饰来为自己增色，那几乎就等于没有好好地打扮自己的能力。装扮自己必须学会“四两拨千斤”，而这些小饰品，正是画龙点睛不可或缺的精妙所在。

哪款耳饰最适合你

Tips

耳饰一定要跟个人气质、脸形、发型、肤色等协调，这样才能达到最好的效果。选择耳饰的时候，首先要遵守一条原则：耳饰的形状避免与脸形重复，也不可与脸形极端相反。耳环的大小应根据身高来定。

巴掌小脸的女性适宜佩戴中等大小的耳环，长度以不超过两厘米为宜。可爱圆脸的女性应选用叶形、“之”形、流苏形耳环，能起到拉长脸形的效果。长脸女孩适合佩戴圆形、心形、菱形耳环以增加脸的宽度。国字脸的女性，适合选择较大而夺目的镶有翡翠的耳钉，或短而无坠的圆形耳环，可产生两耳变大、脸部变宽而显示出圆润感的视觉效果。

此外，挑选耳饰时要考虑肤色和服装的色彩，一切以和谐为度。金色耳饰适合各种肤色的人佩戴。肤色较暗的人不宜佩戴过于明亮鲜艳的耳饰，可选择银白色或珍珠耳饰来掩饰肤色的暗淡。

Chapter 2　打开巴黎女人的衣橱

◇没有穿衣镜是不可想象的
◇围巾：优雅的魔力棒
◇穿小黑裙永远不会错
◇简洁主义
◇黑色调配高手
◇穿得对比穿得好更重要
◇身上不要超过三种颜色
◇外套的极品是风衣
◇松紧有致，才能美到极致
◇每个女人都要有100双鞋

没有穿衣镜是不可想象的

对我来说，一个住所里最重要的家具当然是床和衣柜。所以当我刚刚来到巴黎，面对着租到的第一个房间里满墙陈旧的花纹壁纸、床垫有点松弛的铁雕栏大床、颇有古典风味但外门有些歪斜的衣柜仍然感到满意。我想，这起码是个足够栖身的地方。

但陪我一起来的朋友则对此相当不满。嗯，不满是有道理的，我也同样认为这并不是一个好房间，但作为一段旅程的开始而言并不算太差，其他东西都可以在日后的生活里慢慢添置，毕竟生活是需要经营的，对吧——我的关于生活对年轻人的磨炼的理论还没结束就被朋友一语打断："不管怎么说，对女孩子来讲，总得有面镜子吧？"

"镜子？"我愣了一下，镜子当然是重要的，"卫生间里不是有吗？"

朋友连连摇头："不不不不不，不是那种。是穿衣镜。"说着，她从上到下地比画了一下。能够照出全身的镜子，我明白了。

对法国女人来说，家里没有穿衣镜是不可想象的。这让我想起了家里的大穿衣镜，以及在它面前和闺蜜们彩蝶穿花般换着各种衣服、研究各种搭配的日子，以及那种在镜子前用衣物精致地装扮自己的细密的心情。那种热情和细腻绝对不会输给号称全世界最时尚的巴黎女

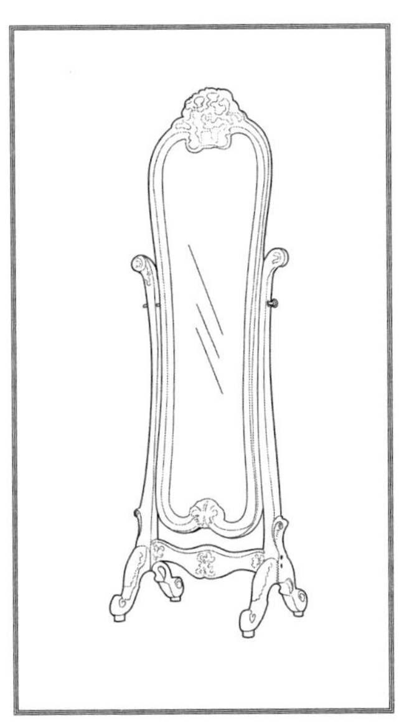

一面穿衣镜就是女人的一根魔法棒。这一头是现实，那一头是梦幻；这一头是灰姑娘，那一头是展翅高飞的天鹅。而对巴黎女人来说，穿衣镜也是她们的“神镜”，让她们从镜子里更真切地发掘自身的美丽。

人，而我对穿衣镜的执着也绝不会输给站在我面前的朋友。但毕竟我到巴黎来并不是为了享受的，我来到这个陌生的地方，要一面学习一面工作，我面对着很大的生存压力。穿衣打扮的确很重要，但在更现实的生活面前，不是就应该退让一步吗？我看了一眼阳台外因为日落而浮出薄薄紫色的天空，心情有些复杂，不知道该怎样向朋友表达我的想法。

“对了。”就在我沉默的时候，朋友突然开口，“我姐姐刚刚搬了家，有一些旧家具跟新家的风格不太搭配，但是又不舍得扔。如果你能帮她保存一部分的话，我想她会很感激的。”她又笑了下。“事实上她有一面大镜子，上面的装饰真是棒极了，我一直很想找到一面类似的镜子却一直没找到。何况你知道，我那狭小的窝里面已经没有新东西的容身之处了。要是我们能以这个名目把那面镜子拿过来就真是太好了。”

她冲我挤挤眼睛，我冲她感激地笑了一下。于是那面独立的大穿衣镜就这样被我“保存”了下来，直到我搬到新的寓所，也购置了自己喜欢的新家具。

这段记忆对我来说是如此深刻，因为对女人来说，一面穿衣镜带给自己的快乐实在太多了。我始终不能忘记的是，就在把那面镜子运回来的当天晚上，我和朋友在镜子前肆无忌惮地欢闹。我拿出了我所有的衣服，两人一起疯狂地换装，而她对我所带的那些中国风的衣服格外感兴趣。当我们都玩累了，躺在床上望着天花板闲聊时，她告诉我，她曾经是多么渴望拥有一面全身的穿衣镜，但对幼年的她来说，使用那面放在父母卧室里的镜子是母亲的特权，而小小的她只能和姐姐共享一面半身镜。所以当她逐渐长大，自己有了经济来源之后所做的第一件事，就是给自己买了面足足占了半面墙的大镜子!

这件事让我颇感震撼。我自认为对美丽的追逐并不输于别人，但在巴黎女人面前，我始终还是相形见绌。**一面穿衣镜就是女人的一根魔法棒。这一头是现实，那一头是梦幻；这一头是灰姑娘，那一头是展翅高飞的天鹅**。日本人在神社里挂着镜子，让人知道真正的神就在自己的内心里，所谓修身就是面对自己的内心；**而对巴黎女人来说，穿衣镜也是她们的“神镜”，让她们从镜子里更真切地发掘自身的美丽**。

每天起床后，完成清洁、修饰、穿衣打扮之后，在镜子前审视自己，对她们来说有如庄严的仪式。“看看自己，从头到尾地看看自己，用自己的眼睛来确保每一个地方都完美无缺，然后走出家门。”说着这样的话的朋友，浑身散发出自信大方的光彩——即使她身处我那样一个杂乱的蜗居。

走在街头也可以拿店铺的大玻璃当镜子，但绝不会做出愚蠢地对着玻璃补妆或整理仪容的事；在穿衣镜前能够花掉大半天的时间，就为了晚间出席一场宴会时能够有更好的表现。“穿衣镜是女人的半身。”这句话虽说是玩笑，却实在很能够说明问题。

对巴黎女人来说，穿衣镜是她们生活里不可或缺的部分，因为她们欣赏自己的第一步，总是从这面镜子开始。

四大国际时装周

Tips

四大国际时装周分别在美国纽约、英国伦敦、意大利米兰和法国巴黎四大城市举行，分为春夏（9、10月上旬）和秋冬（2、3月）两季。

每个时装周都有自己偏重的时装风格：纽约时装周——休闲运动；伦敦时装周——先锋前卫；米兰时装周——时髦；巴黎时装周——高级订制的天下。

最开始的时候，时装周只对客户与厂商开放，不过现在早已演变成为一场迷人的时装表演、媒体与明星们的盛会。时装周不仅对当季的服饰流行趋势具有指导作用，同时也在指导着配件部分：鞋子、包包、配饰、帽子以及妆容的流行趋势。

围巾：优雅的魔力棒

女人是天生的尤物，而围巾是为女人而生的尤物。

再没有一种饰品，能像围巾一样妩媚和娇柔，那轻柔的质感，随心所欲的姿态，仿佛就是女人的化身。

围巾和珠光宝气的首饰不一样，它是柔顺而低调的，永远不会抢去主人的风头，只会给主人平添一份优雅。和纽约女人追求的艳丽不同，巴黎女人追求的是高贵。

巴黎是典型的温带海洋性气候，冬日温和，夏季也并不炎热，时时有淡淡的海风，是最适宜围围巾的气候。和煦的阳光里，风那么一吹，围巾便随风轻舞飞扬，围巾的主人也就自然而然地飘逸和神秘起来。

围巾的妙用一言难尽。身材略胖的女人，可以用围巾来遮掩赘肉，而身材过于纤细不够丰满的女人，又可以用围巾来丰富身体的曲线。溜肩、细脖……各种缺点都可以被围巾修饰，而优点又可以被彰显。

许多许多的巴黎 OL，会在办公室的抽屉里备上那么几条围巾。上班的时候当然是要穿一丝不苟的职业装，但是下班以后的时间，巴黎女人绝对不会放过一分一秒彰显个性和美丽的机会。下班铃声一响，拉开抽屉，取出围巾，在细长的脖颈上打个漂亮的结，千篇一律的套装便迅速变得风情万种了。若是碰到下班后必须赶去 PARTY 的日子，那围巾更是扮演了“救生圈”的作用，一块大方巾或者三角围巾，可以让平凡的职业装变成美丽个性的晚礼服。甚至可以脱去外套，直接将整块的大丝巾紧紧围在身上，变成华丽性感的露背晚礼服。

每次回国的时候，我的巴黎闺蜜们都会纷纷跑来拜托我带些丝巾给她们。不用问她们要多少，答案肯定是“越多越好”。可怜我的行李箱，每次回国的时候都被化妆品塞满，而回巴黎时，又塞满了各式各样的围巾。曾经在苏州买了一条绘有脸谱的丝巾带回法国，我的几个朋友，个个见了它都两眼放光。几个优雅的巴黎女人，险些为了一条围巾而大打出手，很难想象吧？

关于围巾，巴黎女人自有其搭配之道。深色的职业装，配小方巾最为可人，叱咤职场的白领一旦系上小方巾便有了温婉之气，此时的小方巾，颜色越出跳越能显出柔媚，但是因为紧靠着脸，一定要选择衬皮肤的颜色。冬天里穿大衣，最好选择长条的羊毛围巾，又暖和又温馨，至于颜色，要选择和大衣同一色系但又有所差别的颜色。春秋季逛街时搭配裙子，丝巾是不二的选择。素色裙子配上艳色丝巾，艳色裙子配上素色丝巾，松松地挽一下，再配上一个大大的购物手袋，在休闲中不失高雅和洒脱。

所以，**巴黎的女人个个都有一箱子的围巾，数量甚至超过衣服。**一**位巴黎美女这样告诉我：“多一条围巾，就等于多了一倍的衣服。”**巴黎女人就是这么精明，付出一分的成本，就一定要收获十倍的美丽。

.◦ 穿小黑裙永远不会错 ◦.

据说在这个世界上男人和女人各有一件衣服是不能没有的。对男人来说，这不可或缺之物是黑夹克，对女人来说，那就是小黑裙。准确地说，这里的“小黑裙”可不是指黑色半裙，而是特指黑色的带小摆的连衣裙。在巴黎女人的说法里，“没有小黑裙，不可想象”，由此可见她们对这小东西的热爱与重视。

如果要说得仔细点的话，我们可以追述一下这小东西的历史：它诞生于1926年，创始人正是法国时尚界的开创者可可·香奈儿（Coco Chanel）女士。那时候一战刚刚结束，女权运动也随着时代的发展而进入到一个新的阶段，越来越多的欧洲女性开始表示出对于传统的大摆裙的不满——那实在太妨碍她们的行动自由了！如果仅仅是以家庭为生活重心就罢了，但时代的进步已经让女性越来越多地进入社会生活领域，这样的裙子怎么能适合工作呢？她们希望有一种式样简洁而又不失高贵大气的裙子。香奈儿女士——作为典型的对于着装极为敏锐的法国女人的代表——便抓住了这个机会，小黑裙应运而生。

小黑裙英文全称是Little black dress，通常缩写为LBD。一款服装，可以有一个专门的简称，这应该是小黑裙独享的特殊荣誉了。在它面世后，人们用最好卖的美国汽车的名字来称呼它，叫它 FORD 裙，小黑裙的受欢迎程度可见一斑。卸去了战前的大帽、裙摆和极致的装饰，小黑裙美就美在简单，及膝的长度，带着几分帅气的纤细，利落的裙摆，简洁的装饰，一切都与战前的宫廷式风格背道而驰。低调而华丽的黑色是所有人不用费力就能讨好的颜色，一头金色或亚麻色的长发便足以和小黑裙相得益彰。最最经典的搭配莫过于一副够范儿的墨镜，神秘、帅气、高雅。

也许很难有一款衣服，如同小黑裙一样，在问世后的八十余年里从来不曾有一天过时。小黑裙之所以永不过时，就因为它既是一件经典单品，又可以与时俱进地变化出多种面貌。巴黎时尚界有一句著名的格言：百分之三十的流行加百分之七十的经典就等于百分之百的十全十美。质地、领形、花边、褶皱、腰带，虽然是万变不离其宗，但因为小黑裙实在是太经，每一点滴的变化都能给人不同的惊喜。没有哪个法国设计师没有尝试过设计小黑裙。法国设计师设计小黑裙，就像国内的厨师烹制咕老肉一样，越是简单，才越见真章，才越显出水平。

小黑裙永远不会让你担心，因为穿小黑裙永远不会错。小黑裙的亦庄亦谐，让它成为不分场合的时尚女王。巴黎的街上，很容易看见穿着小黑裙的女子牵着小狗优雅高傲地走过，而好莱坞的红地毯上，也从来不乏小黑裙的身影。小黑裙就是这么神奇，谁都能穿得好看，身材苗条的人穿上它显得更加婀娜，而身材略显臃肿的也因其低调的造型和黑色特有的收缩感而自信满满。**据说世界上最高贵优雅的女人——奥黛丽·赫本最爱的衣着就是小黑裙，穿在她身上的小黑裙，说不清楚是谁完美了谁。**赫本并不是特例，美国的法裔社交名媛 Reginald Fellows 夫人也是小黑裙的忠实崇拜者，当然，还有 Coco Chanel 本人。

到法国人家里做客，是要带礼物的。一般的朋友，往往带上一瓶红酒，而如果你和女主人关系十分要好，那么你就多了两种选择，一是围巾，二是小黑裙，因为这是任何一个巴黎女人都不会嫌多的。

时至今日，女性对小黑裙的渴望和依赖更是空前。正如 didier ludao 在他的 The little black dress 中所写，没有小黑裙的女人就没有未来。

香奈儿小黑裙 Tips

小黑裙享有百搭易穿、永不失手的声誉，因此顺理成章地成为巴黎女人衣橱里的必备单品。1926 年，香奈儿女士首度发布了她的小黑裙。她认为黑色与白色一样，凝聚了所有色彩的精髓。它们代表着绝对的美感，展现出完美的和谐。尽管之前也有黑裙，但香奈儿创造的款式、廓型绝对是前所未有的。卸去了战前的大帽、窄裙摆和极致的装饰，香奈儿小黑裙长至膝盖，带着几分帅气的纤细；而且，它所需要的配饰也是越少越好。

香奈儿小黑裙通常设计简单，因此配饰成为小黑裙的一个看点。珍珠、胸针、胸花、腰带等都成为给小黑裙增色的小要素。出产经典小黑裙的香奈儿品牌的创始人 Coco Chanel 女士喜爱珍珠配饰，并且她从来不会只戴一条珍珠项链出门。

小黑裙谁都能穿得好看别致，尤其对那些无法一天内更换两三套服饰的职业女性来说，无疑是无法拒绝的一种选择。

简洁主义

我常常闲坐在巴黎街头，一边喝着咖啡，一边看着人来人往，看每个人各自怀抱着自己的心事成为街头的风景。巴黎女人常常是我观察的重心，毕竟她们看起来是那么赏心悦目，每个人都有着独特的风情。久而久之，我注意到她们的一个共同之处：她们的装扮常常是简洁的，并不花花绿绿，也很少重重叠叠。简洁，仿佛是她们一致的穿衣规则。不但信奉，也一直如此实践着：不要把自己打扮得仿佛装饰着各种水果和各色果酱的千层饼。

衣服首先选择那种剪裁明快、线条突出的类型。“一件好衣服，最重要的是适合自己：适合自己的身材，也适合自己的个性和心情。而其他的设计和装饰只能是为这两者服务罢了。”能够展示自己优美的身材线条就够了；如果觉得身材不够完美，那么顶多依靠一些设计来弥补，但并不需要多余的花哨和堆叠。如果实在不喜欢穿得式样过于简单，那么也可以选择领部带有花式的，或是在腰部有简洁褶子的样式，但总体来说，她们并不太中意过于繁复的造型。

“把什么都堆在身上，那看起来实在让人难受，仿佛整个人被很多纷繁复杂的事情缠绕着脱不开身。穿衣服最好能给人比较清爽的感觉，而颜色、花式和其他的东西都只是一点小小的补充。”朋友的这段说明代表着大多数巴黎女人的想法。

色彩上，**缤纷亮丽当然是每个女人都希望做到的，但总体来说，巴黎女人都遵守的一个重要的穿衣原则便是：浑身上下的色彩，最好不要超过三种**。对于色彩，她们的想法通常是，尽量利用自己的想象力和美感，把颜色搭配出令人愉悦的效果，而不是穿得花花绿绿，或是花纹斑驳得令人眼花缭乱。她们喜欢素色的衣服，或者至少衣服的色彩能够形成大的色块，“看起来比较有整体感”。

当然还有一点也是很重要的，那就是首饰和配件。帽子（头巾）、眼镜、耳环、项链、胸针、手套、戒指、手链还有腰带，每一样都是巴黎女人喜欢的东西，而且她们总能够把这些小东西运用得很好，让它们能够和衣服产生和谐的共鸣。

但她们对配饰的使用并不像我想象的那样多。她们只会使用其中的一样或两样，而且常常是在不得已的情况下才用；如果并没有觉得“非用不可”，她们是绝对不愿如此繁琐的。我曾经在朋友中做过一个调查，得出的结论是，在所有的这些首饰和配件中，使用频率最高的竟然是腰带，因为有一些长款的素色衣服实在需要一条别致或明亮的腰带来进行一点装饰。其次是耳环、项链、胸针，这三样的使用频率几乎不分上下，但同时使用的几率也并不那么高，很多时候她们戴了耳环就不愿佩戴项链或胸针，以免这些东西都挤在一起，让自己显得“像个炫富的乡下人”。手上的三样饰品是用得最少的（除了已婚人士常年佩戴着婚戒），因为除了需要搭配手袋或穿着某些礼服之外，她们更愿意让手臂享有清爽的自由。

这场询问的结果实在让我觉得诧异，我甚至都要以为，巴黎女人是懒于装扮自己的了。

当我抱怨似的这么一说，立刻有位朋友对我做了回应：“你说得对；不过我想我得进行一点小小的修正：我们是懒于过分（重音）装扮自己的。”

我承认她们的简洁主义的实用性，因为的确没有一个真正的巴黎女人会让自己穿得过于花枝招展，但也不会有一个人显得过于朴素。她们给人的感觉，永远是那么优雅大方。有着良好的剪裁和完美的色彩搭配的衣着，绝不会因为不够华丽、不够大牌就让人觉得索然无味。装饰她们着装的，是她们自己的智慧：那种从衣着上体现出来的品位和想象力、创造力，还有她们天生的风韵情致，以及她们身上深入骨髓的那种知性气质——简单来说，丰富她们衣着的恰恰是她们自己。选择简洁主义的理由，或许恰好是因为她们懂得衣装与人真正的关系：是人决定衣装，而不是衣装来决定人；无论你穿着什么样的衣服，真正动人的是穿衣之道背后你真正的气质。这才是巴黎女人真正的穿衣利器。

黑色调配高手

记得在我上高中的时候，有一阵我很迷黑色的服装。最初的原因说出来很好笑：黑色不那么显脏，对于生活比较懒散的我来说实在是再好不过的。于是很快地在我的衣橱里就充满了各种黑色的衬衣、裙子、长裤和T恤。但我母亲对我的选择非常不满。她认为，年轻人应该穿得花枝招展，换句话来说，我应该减少对黑色的依赖，而选用更多色彩飞扬的暖色调系服装，那会更有"年轻人的风采"。我不认为母亲的话没道理，但对于已经逐渐产生对黑色的爱的我来说，要真正做出改变还是很困难的。

所幸，现在我来到了巴黎。走在巴黎的大街上，很容易就会看到一身黑的女人。可别像我母亲那样以为会选用这种色彩搭配的都是上了年纪的人——不，正相反，上了年纪的巴黎女人总会用一些色彩鲜亮的饰物来增加自己的年轻感，而只有年轻人才会大规模地、毫无顾忌地使用黑色来包裹她们无法压抑的年轻的魅力。这一点让我感到很兴奋的同时也多少有些奇怪，不明白为什么巴黎女人如此沉迷于黑色，但却让人不得不承认的一点是，她们的确非常擅长运用这种色彩。黑色，在她们身上从来没有单调过。

最常见的黑色装束是在参加聚会的时候，很多朋友会选择剪裁各异的黑色小礼服，搭配一些亮色的饰物就足够精彩了；走在街上时常会有一袭黑色风衣飘过眼角，那随风而起的衣袂伴着逐渐远去的高跟鞋音让人不觉飞扬出无限的幻想；再年轻一些的小姑娘在黑色或者深褐色的机车夹克下穿一条小短裙，然后蹬着鞋跟高高的黑色长筒靴，[illegible]出一路的桀骜。于是黑色在巴黎就成了多面的女人：有时候她那么内敛而又典雅，略带保守却能够赢得大多数人的欣赏；有时候她满怀风情，恰到好处地装点着那一种独属于女人的细腻和感性；有时候她充满着另类和叛逆，凝重的色彩里厚厚地堆积着亟待抒发的个性。别怪我说得那么玄乎，只是巴黎女人那么得心应手地穿着各样的黑色招摇过市，实在是超越了我能够形容和表达的范围。她们热爱黑色，也适合黑色，那一点女人的优雅和黑色的神秘与魅惑结合得恰到好处，实在让人过目难忘。

在正式的场合她们尤其钟爱黑色，而秋冬季节里，以黑色为代表的深色系服装一向是巴黎女人的首选。对于年纪略长的、更具有老派风情的巴黎女人来说，黑色是端庄的象征，在很多场合下非选择黑色不可。不过对于更年轻或更活跃一些的人来说，黑色在更大程度上只是一种很好的选择而不是必需的色彩。以我的朋友为例，其实很多时候她倒并不热衷于穿一身黑，但是她极其乐于用黑色来进行搭配，要找某一天她身上没有一处黑色那是不可能的，不是穿着黑色外套，就是穿着黑色长裤，再不然脚上的皮鞋就一定是黑色。再不济，就或者拿着黑色的手袋，或者扎着黑色的宽腰带，或者戴着黑色的发带。最令我印象深刻的一次，她竟然穿着一件黑色的泡泡袖短外套，搭一件洋红色的针织衫！当时给我的感慨就是，这衣服假如穿在我身上，效果一定是耸人“见”闻，但放在她身上，却是再适合不过了。

黑白是经典搭配，黑色搭金色有一种混合着甜美的高贵感，黑色搭红色别有一种洒脱风味，黑色搭米色给人的感觉格外恬淡……**借用一句很常见的话：“黑色能和任何颜色进行最完美的搭配。”巴黎女人信奉这句话，并在实践中的确把黑色运用到了极致。**

穿得对比穿得好更重要

在巴黎，每次出门都是一次大考验，因为总得仔细地考虑究竟要怎么穿才合适。在国内的时候我并不会考虑太多，也许稍微就质地和色彩搭配进行一下权衡，匆匆拿出几身衣裳对比一下，随便挑选出一套就可以了。这种态度当然是不够仔细的，不过只要不穿得太出格，也没有人会对此有意见。但在巴黎情况就完全不一样。大街上的每一个女人都是你的参照物；走进工作场合，每一个同事的着装都会让穿得不够仔细的人相形见绌；即使只是参加朋友间的聚会，大家也会有意无意地注意到你的穿着，而站在一群穿得无比适宜恰当，因此也生发出无数的婉转优雅的人当中，如果穿得太过简陋或是搭配得不够协调美观，那实在是件让人备感难受的事情。这是个时时提醒你注意自己的穿着的城市。

在这个城市里生活，“怎么穿”这个问题就会被提到非常重要的位置上来。但在考虑如何穿得美丽或者考究之前，巴黎女人还有一项重要的原则：穿得对比穿得好更重要。也许你想显示自己的另类风格而添置了很多具有朋克气息的衣服，或者你刚刚花大价钱买了一套名牌的成衣并想以它们来显示自己的着装品位，但如果你不能好好地运用这些衣服，那么什么风格和价位都是白搭的。对巴黎女人来说，穿衣可是一件全方

小黑裙永远不会让你担心，因为穿小黑裙永远不会错。小黑裙的亦庄亦谐，让它成为不分场合的时尚女王。

位的事情，它和场合相关，和对象相关，和季节相关，和心情相关，和发型发色相关，和肤色相关，和个性相关，和香水相关——和一个人的一切，无论是内在的个性气质还是外在的环境季节都有莫大的关系，衣装是让一个人和自己以及周围世界融洽相处的媒介；所以，穿衣服，必须穿得对。

当我还在语言学校时，有一年学校举行新年聚会，希望大家都能够参加。我当然并不想放过这个和各地来的同学多多交流的机会，又考虑到这不过是一次“同学”间的聚会（尽管很多人年纪也都不小了），于是挑了一身非常休闲，甚至有些搞怪的装扮，打算来一次惬意而随性的大联欢。就在聚会的前一天，我的一位巴黎朋友问到我将穿什么样的衣服出席聚会，我告诉了她之后她沉默了一小会儿，然后问我：“你确定这次聚会是非正式的吗？”我一愣，难道这样的聚会还会需要穿着正式的、典雅的礼服，大家西装革履地举着红酒杯，彬彬有礼地做着场面上的应酬吗？面对我的反问她摇摇头：“我不是那个意思。但你得知道，有时候的确会有开小酒会的可能性。我不了解你所在的那个学校，也不知道它们一贯的作风是怎么样的，只是我想你有必要在去之前搞清楚它们到底想弄一个怎样的聚会。如果没有人告诉你的话，那不妨主动去询问一下；这没什么的，尤其对于外国人来说。我想这样做会比到时候穿了不恰当的衣服要好很多。”

幸好她提醒了我。当我前去询问才得知，鉴于大部分的“学生”实际上都已经是踏入社会的成年人士（有很多是商务人士），因此学校希望办一次较有品位的交流会，而不仅仅是大家来个大联欢，唱唱歌跳跳舞就行。我的出场服装也因此需要来个大改变。受益的不仅仅是我，校方也恰好因为我的询问而注意到了这个它们忘记通知的事情，结果消息一放出来，赶紧改弦更张的同学大有人在。我一下子收到了很多人的感谢，但这份感谢更应该献给我的那位朋友：恰是巴黎女人对于穿着的敏感性让她想到了这个问题！

穿衣服得注意场合，这当然是个极为重要的问题。巴黎女人尤为注意这一点，绝对不会做出在休闲场合穿礼服或正装（其实这一点尚可以忍受），或是在正式场合做着休闲打扮的事。所以常常看到的一幅场景是，巴黎女人总是忙于更换服装，当她们要身处不同的环境时，一定会另做一番修饰。“上班当然得有上班的样子；然后去逛街，总不能再穿着上班的衣服吧？夜晚也得有夜晚的装束，因为晚上是和白天完全不同的。”有一次在酒吧和朋友玩乐时，我竟然看到有一位穿着套装的女士出现在酒吧里；朋友们也看到了她，她们窃窃私语，说她是“迷路了的小猫”。我对这位女士满怀怜悯，但我也不得不说，没有合适的衣装，的确会显得相当格格不入。

所以，穿得对的确比穿得好更重要。服装是表达自己的利器，如果不懂得依照各种因素来变化自己的着装，那么也就等于明明白白地告诉别人：看，我没有分辨情况的能力。这对巴黎女人来说是多么不可忍受的啊。对于她们来说，学会穿衣之道的第一点就是：学会穿得对。我想，这对于世界上所有的女人（或许应该说对于所有人来说）都是非常重要的一点吧。

⁘ 身上不要超过三种颜色 ⁘

我们形容女人，常常用的一个词语就是“花枝招展”。女人总是和缤纷联系在一起的，没办法，女人如花，一切的鲜艳灿烂似乎天生就和女人联系在一起，而女人们也乐于用各种色彩将自己点染得更绚丽更醒目。这是女人的天性，也是女人的美丽。

但其实，花枝招展的意思，可并不是说女人应该打扮得全身上下花花绿绿——那实在太恐怖了，也绝对不会有人欣赏那种完全没有路数的乱搭方式。有一次我们在讨论到颜色的问题时，某个朋友说，她认为女人身上的主要色彩不要超过三种是最好的。这一论点得到了朋友们的一致认可，而我日常对巴黎女人们的观察也的确印证了这一点。

主要的颜色指的是：上衣、外套、裤子（裙子）、鞋子、围巾（披肩）和腰带这些部分的颜色。至于小装饰品的颜色，则可以根据其质地和需要搭配的衣物而有更多的色彩——但是也最好不要过于缤纷绚烂。事实上，我常常在巴黎街头做这样一个游戏：找一个角落静静地坐下来，看看周围来来往往的人群，分辨在这无数的、姿态各异各有风情的女人当中，到底哪些是真正的巴黎女人。虽然即使到了现在我也并不能真正地、完全地猜得对，但我却得到了一大心得：如果你看到穿着打扮格外多姿多彩的女人，那她们一定不是真正的、本土的巴黎人。不信的话，你也可以来试试看。

着装不要超过三种颜色。其实这句话应该修正为：不要超过三种色系，如此才能更好地概括巴黎女人在着装上的色彩选择原则。如果穿了红色系的上衣，黑色的裤子或裙子，米色的鞋，那么外套最好选用红色系的或黑色的——比上衣颜色更深或更浅的红色都行（当然有一些红色总是需要谨慎考虑），但千万别再套上其他色系的外套了。如果一件衣服本身已有了两种色系的色彩，那么搭配的时候就一定更要注意素雅，不能再挑选拥有两种色系的下装或外套，甚至其色彩最好能够和上衣的其中一种色系相吻合。毕竟，如果身上的颜色搭得太多，那实在会让整个人都显得非常臃肿而且浮躁，对于追赶流行或者追求张扬、放纵的小姑娘来说也许尚可一试，但倘若想在成熟的、真正的巴黎女人身上寻找这样的搭配方式，那可真是会白费精神了。她们是连参加化装舞会的时候都会下意识地避免自己穿得像个“大花球”的人！

不过，事实上也不是完全没有例外。有的时候她们也会喜欢那种印染了多色花饰或图案的衣服，那上面的颜色可绝对不止三种；或者在使用围巾或是腰带的时候，一不小心又会弄得过于灿烂。无意中造成颜色混乱的还有一样东西，那就是头巾或发带——大部分时候，它们都能赋予主人极为别致的风情，但有时候却总让人不小心忘记了注意色彩的协调。不过我却并没有觉得这样偶尔的失误会为她们的魅力带来多大的损失，毕竟人并非规则的囚徒，不是么？她们的活力和风度，足够弥补这些偶然发生的事件所消耗的美感了。

总的来说，巴黎女人其实就是这么一群不怎么“花枝招展”的人，她们喜欢各种各样的颜色，却并不欣赏当前流行的“混搭”风潮。也许这和她们不太盲目跟随流行有关系，但另一方面来讲，我一直以为喜欢选择衣着色调简单多少意味着自我内心的封闭。有一次我把这样的观点说给了朋友们听，她们笑了，却没有完全地反对。其中一个朋友说：**“我想，选择简单与其说是自我封闭，倒不如说是尽量避免失误。使用的样式和颜色越多，那么越容易暴露出个性里的某些偏执或是思考方式的定势。那种大大咧咧把自己的内心世界完全暴露出来的着装方式，实在不是有教养的人应该选择的。”**

嗯，这话我同意。中国人讲究含蓄和内敛，看起来巴黎女人们也有着类似的认同。或许这在某些人看来是缺乏活力和坦诚，但我得说，这将能塑造出一种持久而深沉的魅力。当然了，选择这样的方式可不仅仅是为了用衣着来表达哲学：“关键是，为什么要穿得好像花蝴蝶一样，让男人们一眼就看透你的内心和灵魂？”

无论如何，巴黎女人们坚持的总是：表现自己，但不要过分。这也就是她们着装总不喜欢超过三种颜色的原因吧。

最实用的色彩搭配原则

Tips

平衡：指服装的色彩最好能相互平衡补充，例如在淡色中有一点亮色的点缀或者深色的厚重，能够让整体更具协调感；

强调：指通过加入一些强烈的色彩来突出身体某一部分，加重视觉效果，给人留下更深的印象；

渐变：指衣着上的色彩变化尽量能形成一种有序的逐渐变化，以显得有层次而自然；

分割：当一装上有两种或以上强烈对比的色彩时，在色彩的交界处用其他颜色的腰带或装饰物进行分割，柔和其强烈的对比。

外套的极品是风衣

应该说，风衣是一种神奇的存在。小时候在电视上看香港电影，对于那些身披风衣潇洒在枪林弹雨中的人物，我总是充满着向往和崇拜之情。再往后一些时候，身着风衣对我而言，则意味着流行与时尚，大街上那些衣袂飘飘的身影总能博得我的关注。那是一种难以言喻的魅力，一种极致的潇洒的标榜，同时集合着内敛雅致与风流不羁。这让我从此对于风衣有了一种固有的情结。来到巴黎之后我发现，巴黎女人与我一样钟爱着风衣——当然，在此之前我已经在无数的杂志和电视节目中领略到了这一点，但真的身处这个地方之后，才真正地意识到这份狂爱到底有多重。

在巴黎街头随处可见身着风衣的女人。走在街头，这些风衣浮动出美妙的弧线，令路人印象深刻，在街头的咖啡屋，三五成群的巴黎女人闲散地坐着，低垂的衣襟下隐隐露出线条姣好的腿部，格外让人领略到一份女人的魅力。就我自己的经验而言，与朋友们相会的时候，十人里面总有一多半穿着风衣。我调侃她们是“被风衣覆盖的民族”，她们也欣然接受，并且告诉我：“说到外套的话，实在没有比风衣更好的了。”

我自己也是一个风衣爱好者——我只能说自己是爱好者，因为就我的身材而言，似乎是不太适合穿风衣的。我没有细美的腰，也没有蛊惑人的曲线。不过我的巴黎朋友并不这么看，在她们眼里，**风衣之所以会成为“外套的极品”，就在于它总能够遮蔽穿着者的缺点，而让她显露出前所未有的魅力来**。

有一次在朋友的鼓舞下，我也终于穿了一次心仪已久的风衣——我在镜子里沮丧地发现，由于身材的关系，风衣的两襟在我身前大开着，毫无美感可言。这让我极为沮丧。不过我的朋友倒不觉得，还帮我找来一条松软的有着咖啡色条纹的黄色围巾，随意地搭在我的脖子上，让两端自然垂下，让我上身前的“空洞”不再那么明显，反倒让风衣拉长了我的身高。随后她在我的背上轻轻一拍：“穿风衣的时候，可一定要把背挺直起来！”我一挺身，看着镜子里那个充满精神头儿的身影，心里也确实欢欣起来。

或许这就是风衣的魅力所在。为风衣加上无数个形容词也不为过——**它会让你显得帅气，也可以让你显得优雅；它可以让你显得很前卫，也可以让你具有传统的美感；它可以模糊你的性别符号，展露出一种别致的魅力，也可以挖掘出你身体里潜藏的女人味，增加你的性别魅惑力**——但无论如何，最重要的是，风衣会让穿着的人格外感受到一股精神的力量。它的上半部总是很贴身，紧贴着身体弧线设置的衣料将上半身妥帖地包裹着，时时让人绷紧神经，不松懈，不拖沓；它的下半部却从来不是为了贴身而设计的，它只会展露你的线条，飞扬你的个性，让你感受到不同于那些紧绷的正装和礼服的惬意和放松。这才是巴黎女人酷爱风衣的真正原因吧。

她们从不松懈却也从不过分紧绷，她们在任何时刻都挺直着背，绝不会在人前显示出懈怠和邋遢，又在任何时候都那么慵懒和漫不经心，

风衣之所以会成为“外套的极品”，就在于它总能够遮蔽穿着者的缺点，而让她显露出前所未有的魅力来。

仿佛总在享受，总在愉悦，无论是生活还是学习、工作还是休闲，总是在体味着生活的快乐——当我把这样的总结讲给朋友们听时，她们纷纷大乐，夸奖我实在是“风衣的知己”。我喜欢这个评价。不过，对这个“知己”来说，最愉快的仍然不是自己穿着风衣，而是欣赏这些穿着风衣的巴黎女人。

我至今仍不清楚到底是谁“发明”了风衣（这对“风衣的知己”来说真是不够格啊，笑），也不清楚到底是基于怎样的流行考虑，才出现了如此众多的风衣类型：长款的，短款的，单排扣的，双排扣的（还有隐蔽扣的），大翻领的，短立领的，无领的，有腰带的，没有腰带的（同样也就有收腰的和不收腰的）——这些众多的款式已经足够让我眼花缭乱了。但无论如何，我相信，一定是巴黎女人赋予了它们如此令人惊叹的美丽，正是这些窈窕的身影触动了设计师的灵感，正是她们的气质和风度让风衣成为外套中的极品——她们的确不愧是“被风衣覆盖的民族”。

巧为风衣选配饰

Tips

和风衣的流行趋势搭档的，是一切具有特色的装饰品。如此洒脱的衣服，其搭配细节一样不容忽视，穿衣的品位也往往体现在这些看似不重要的细节上哦。

一双长筒靴。里面只穿必要的内衣，然后将风衣披挂上阵，紧紧地束上宽腰带，下配一双高度超过膝盖的紧筒长靴。这样的装扮足可以带领你走在时髦的最前端。

一只小提包。有如祖母般复古的经典手提包，搭配风衣会相得益彰。注意，包的质感尤为重要，那些广泛使用抽带、搭袢以及金属扣等装饰品，或者配有精致可爱的金属小锁的提包，是搭配风衣的不二选择。

一副复古太阳镜。宽大的树脂边框，黑色或者玳瑁色，占据半个面孔的复古款式太阳镜，令人回忆起杰奎琳的风度，赫本的优雅。

竖起的衣领。有着高高领座的拿破仑型领是风衣的首选。将衣领高高竖起，遮挡秋风的同时也制造了神秘。

松紧有致，才能美到极致

就日常生活来说，我实在是个散漫至极的人，着装基本上都是怎么舒服怎么来。这一点倒是和我的巴黎朋友们非常契合，事实上，这些巴黎女人比我更是舒适至上主义者。走在巴黎街头，看到的巴黎女人一般都穿得非常休闲、自然，要是有谁穿得非常典雅、紧致，那不用说，准是要去参加什么比较正式的聚会的。

不过话又说回来，一旦到了这样的场合——我是说，那些需要人们展示自己优雅的风貌和有格调的品位的地方，巴黎女人就会迅速地摇身一变，展露出她们即使被紧身所束缚，也依然得体自如的一面来，绝对不会像我第一次穿着晚礼服参加酒会的时候那样，总是担心我那豪放的腰线会不会过于凸显，我的背是不是在不知不觉中就放弃了挺直而显得松垮。不，她们绝对不会这样。小礼服会赋予她们别样的魅力，而她们也绝对有能力驾驭这种和日常穿着并不相同的衣着，从随处可见的慵懒的街头精灵迅速变身为有着窈窕身线而玲珑雅致的社交皇后。这真是令人赞叹的本领，尤其是，当你意识到那些仿佛只有电影和小说中才会出现的聚会焦点只不过是你日常见惯和熟悉的同事和朋友时，这份赞叹之情绝对会油然而生。有一次我忍不住开玩笑，非让她们把那个让她们从灰姑娘变成公主的魔法师给交出来，不过这番玩笑却说得她们面面相觑。对巴黎女人来说，这似乎是天生的本能，才不需要什么魔法师呢——不，她们自己就是童话里的魔法师。

而这些魔法师的秘密武器就是让女人又爱又恨的东西：紧身衣。

巴黎女人非常了解“紧”对于美的重要性。舒服当然是穿衣规则的首选，不过审美也是她们绝对不会放弃的穿衣原则。这也就涉及“紧”的问题。

所有人都不得不承认，在大多数情况下，适度紧致的服装比宽松的服装更能够体现出美来，因为它们总能或多或少地表现出女人优美的线条。这也是为什么人们总是在强调放松、自然、舒适和人性化的同时，却仍然不能放弃在所有的正式场合选择紧致的服装。

这在女人身上当然体现得更明显，不过“曲线美”这个词却一不小心引发了我和朋友们的一场小讨论，因为这个词——尽管女人喜欢男人向自己投来的欣赏的目光，却也不得不承认，它多少包含着一些男权的色彩。难道女人衣着里的紧致和暴露，没有一点满足男性视觉、迎合男性审美的成分？难道曾经出现过的鲸须紧身衣和依然流行的高跟鞋，不是因为男人觉得这样子女人才更好看而被发明出来的？尽管它们极大地损害着女性的舒适和健康。

巴黎女人不喜欢这样的感觉。尽管她们总是引领着世界的着装潮流，但她们讨厌这种感觉。“女人需要男人，但是，女人可不能为了男人的眼睛而活着。”讨论中，有个朋友这么说。

“可是，女人并没有放弃紧身衣和高跟鞋呢。”我笑道。

“我们反对女人为满足男人的审美而穿着，并不代表他们所欣赏的就一定不是女人自身的美。”说完这句话后，朋友狡黠地一笑，随即大家也都笑了起来。按照她们的说法，身体的曲线玲珑是上帝的赐予，这一切并没有隐藏起来的必要，也完全应该用合理的手段去加以装饰和加强。

“当然，一定得是合理的手段。”另一个朋友强调着，“想想看，如果那些东西（紧身衣及其衍生物）既能够帮你塑造出玲珑的身段，又有良好的质地和设计，不会真的成为桎梏；如果高跟鞋能让你的腿显得更修长，身材显得更挺拔，而又不必长时间地穿着它，或是被过高的鞋跟带来脚部变形——为什么不支持（使用）它们呢？我举双手表示我热爱它们！”

一席话说完，在场所有人纷纷点头表示认可。我也认可，而且我相信，世界上应该没有女人不喜欢它们——只要它们别被弄得过分恐怖就行。

没人再会像斯佳丽那样为了美而尖叫着忍受束腰的捆绑了（不要去想那些过分减肥的明星和模特，那毕竟不是女人里的大多数），而像玛丽莲·梦露那样为了瘦腰而去抽掉两根肋骨的事也绝对不会为大部分有理智的女人所接受。我们热爱紧致，是因为热爱自己的曲线，热爱自己的性感，因为那是一份天纵的美丽。

有个朋友说得好：“我们发现，应该经常地‘约束’我们的身体，就像我们‘约束’自己的精神和意志。但就像约束自己的精神是为了振奋自己，为了获得更有效率的生活，而不应该忘记了放松和享受，体验生活的意趣一样，约束身体也是为了展示和获得更高层次的美，而不能过于苛刻，对身体造成负担。一切都有限度。”

在限度之内，千万别让自己垮下来——精神不能坍塌，不能颓丧，身体也一样；在限度之外，绝不过分苛求自己——给身体和精神一起减压。巴黎女人擅长掌握这样的平衡，这也是为什么她们总能成为美的魔法师的秘诀。

秘密心语——内衣的选择

Tips

色彩——东方女性属黄色人种，因此在文胸的颜色选择上，应偏重于浅淡明亮的色彩和含灰的中性色调，粉红、淡红、浅玫色、粉黄、浅黄、粉绿、淡绿、粉蓝、水蓝、粉紫、浅紫等，纯白与本白也非常合适，唯独面对深色和艳色时要格外谨慎。

原则——适体是对内衣的基本要求，因此内衣一定要试穿。即使同样的尺寸，不同的罩杯类型也会有微妙的差异，只有“贴”在身上，才能看出款型是否合适。

特殊影响——在生理期间胸部有可能变大的女性，应尽量选择可以把海绵随意摘下来的文胸。

搭配——女性的外衣，必须有一件适宜的文胸来搭配，才能产生最佳效果，因此各种款型的内衣，深色和浅色至少各需一件，全杯、半杯、3/4 杯的胸罩也应齐备。

每个女人都要有 100 双鞋

要说巴黎女人在着装上有什么特点，那就是，她们都很懂得搭配。她们并不一定穿着最大牌的衣服、最时尚的色彩，也并不一定使用最华丽的配饰，但却一定会让自己的全身上下都协调无比。这是她们天生的本能。了解了这一点之后就绝对可以想象得到，巴黎女人的鞋柜里，也一定收藏着各式各样最能够与自己的衣物相搭配的鞋子。

曾经无意中看到某个时尚人士说，每个女人都要有 100 双鞋。这真是一种极端但华美的时尚想象。想想看吧：家里存放着那么一排排巨大的鞋柜，鞋柜里整齐地排放着各种质地、各种颜色、各种形态的鞋子，再搭配着各种各样的装饰品，那是多么令人激动啊！每当要出门的时候，选择好了所要穿着的衣物后，再来到这个巨大的鞋柜间里精心地挑选——绝对，绝对不会再出现找不到合适之鞋的时候！当穿好了鞋子走出门，心中必定充满着得意与欢乐，而不会再时不时地懊恼：如果这双鞋的颜色再淡一点，或许搭配起来会更好看！或者，下次得再买一双跟再高一点的鞋，才配得上这个长度的筒裤。拥有足够的、美丽的、各种各样精美的鞋子，那真是每个女人无上的梦想。

但我仍然得说，这个梦想多多少少是不必要的。我的朋友们也抱有

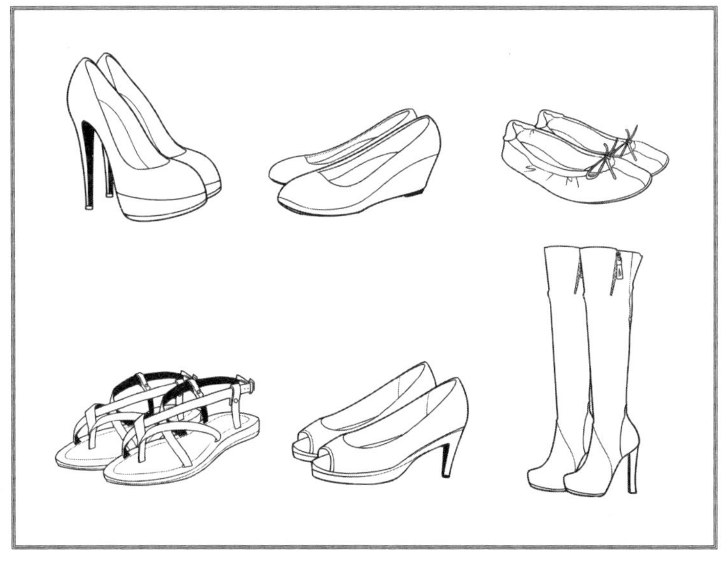

“鞋子不用太多，只需要选择最适合自己的式样、质地优良的鞋子就够了。‘每个女人都要有100双鞋’那绝对是夸张的幻想。但是另一方面，你的心里永远应该有对100双鞋的想象，也绝不要放过每一双能够展示自己魅力的鞋子。”

同样的态度。谈论这 100 双鞋的时候，每个人都心花怒放，可如果真的要去实施，那任谁都会变得格外谨慎和挑剔（即使有人的确拥有这样的经济能力）。怎么会不谨慎和挑剔呢！每一次的购买，都不应当只是兴之所至的结果，而一定是全面地考虑过自身的特色和搭配才可以出手的“必杀技”！“可不能因为一时的喜欢就买一堆华而不实、一辈子也不会用一次的东西回来！”当我不由得对着各式应季的新款鞋大发花痴的时候，朋友给了我一记当头棒喝。的确，对巴黎女人来说，最好的事情是拥有 100 双自己满意又用得上的好鞋子，但这显然是太过夸张的幻想；如果要退而求其次的话，对质量的选择绝对会优先于对数量的追求。

要具体说到她们的买鞋经的话，那么首要的一条就是：“首先起码要拥有 10 双以上各式各样的黑色皮鞋。”

黑色的确是万能色，它可以和任何颜色搭配出典雅又生动的组合来，所以也毫不出奇地一直是巴黎女人的最爱。选择黑色的好处是，你可以完全不用担心色彩搭配的问题，只需要选择合适的鞋型就够了。如果想突出腿部的线条，或者是在身着风衣的时候，那么黑色长靴常常让人看起来很高挑又很酷；如果穿着正式的晚礼服，那么一双质量上乘、式样简洁的优质小礼鞋绝对是极佳的搭配；如果想体验休闲的风格，或是在沉重的现实生活中放纵自我的个性，那完全可以尝试一些式样前卫、风格凌厉的鞋子，绝对会让人见之忘俗……总而言之，使用黑色的皮鞋来装扮自己绝对是巴黎女人配鞋经的第一步，是完成优雅搭配的基础中的基础。

“要做一个令人难忘的女人，那就一定得备好几双质地优良的黑皮鞋，那绝对会在意想不到的时刻帮你拥有穿越时空的经典魅力。”

看看她们对黑皮鞋的评价有多高！

除此之外就是任意发挥自我个性的范畴了！色彩上——白天的时候尽可以选择一些颜色较为清亮的鞋，不过如果是上班族的话得多多注意鞋子的质量；休闲的时候也可以依照自己的心情随意选择各种颜色而不必拘谨，但得注意可千万别把自己搭成了调色盘。不过这也不能一概而论。有一次我回国之后给朋友带回了几双具有传统风味的老北京布鞋，你们知道，这种鞋常常有着鲜亮而丰富的色彩。她们同样能把这样的鞋穿出极为时尚的味道。质地上——帆布鞋是一定需要准备几双的，表面用丝绸来覆盖的鞋如果运用得宜则会体现出别样的细腻风情，带有漆皮或者亮光的鞋则往往需要配合特别的下装或场合来使用。

鞋跟的高度——日常的穿着最好不要太高，除非在较为正式的社交场合，不然那绝对是对自己的折磨；坡跟不太在考虑当中，穿着坡跟的鞋就等于向世人宣布“我是还没长大的小女孩”；注意和下装的协调，如果穿着高于膝盖以上的短裤或裙子，也不要穿太高跟的鞋。等等。

巴黎女人喜欢各种鞋子，尽管她们并不放任自己的喜好而胡乱购买。

“鞋子不用太多，只需要选择最适合自己的式样、质地优良的鞋子就够了。‘每个女人都要有100双鞋’那绝对是夸张的幻想。但是另一方面，你的心里永远应该有对100双鞋的想象，也绝不要放过每一双能够展示自己魅力的鞋子。”

Chapter 3　巴黎女人的梳妆台

◇12岁就与妈妈共用保湿乳
◇“丑”是不道德的
◇宁可不吃饭，也要去美容院
◇化妆的唯一重点就是眼妆
◇嘴唇，法国女人的第三只眼
◇发型，法国女人很在乎
◇不搽香水，是没有前途的
◇裸妆——法国女人的最爱

12 岁就与妈妈共用保湿乳

在和巴黎女人相处的时候，实话实说，我常常处于略有些自卑的情绪中。这种自卑完全是一个不擅长装扮和刻画自己的女孩子站在一堆明艳亮丽的女人中的感受，那种对比会让我深深地意识到自己真的是一只丑小鸭。但有两点却始终是我的骄傲——我仅仅是说人的外在方面，它们让我的巴黎朋友们深深地嫉妒着我（说到这一点的我真是充满着女人的虚荣心），也让我确确实实地领会了那句话的深意：上帝对你关上了一道门，就一定会在另一个地方为你打开一扇窗。

这两个让我骄傲于巴黎朋友们的优势就是：浅浅的汗毛和柔滑的皮肤。

众所周知，女人都希望自己的皮肤好。肤如凝脂是中国文人形容的极致，也同样是巴黎女人最深切的期望。出于人种的关系，我天生比她们拥有更浅的汗毛和更顺滑的皮肤，不必像她们那样深深地烦恼于刮毛和难以消除的雀斑，于是走到哪里都总是能凭借这两点赢来别人的惊叹和羡慕。有一些朋友不断地惊叹为何中国人能够造出瓷器和丝绸来——她们以为这来自中国人对于肌肤的天然感受！这实在让我叹为观止。还有一次，有位朋友怎么也不相信我天生便不像她们那样有着浓密（只是

巴黎女人的美丽，来自她们时时处处的细致和精心，从没有丝毫的松懈；也来自她们对自己充分的认识——当我们还对自己的性别气息懵懂无知时，她们已经开始了关于女人魅力的探索之路。

与东方人相比较而言）的体毛，而坚决怀疑我一定是每天偷偷地在屋里刮毛（而且每天不止一次）。这个误会直到很久以后，在我们逐渐深入的相处中才慢慢解开。

这两点固然让我骄傲，但其实也有一份带给我震撼的事实：尽管我有着先天上的优势，却并没有在实际中显得比她们皮肤更好！也就是说，我所让她们惊叹的，不过是一份上天的优厚的赐予，而她们却通过自己的努力在现实中弥补了这些先天的缺失。

看看这些巴黎女人！每天兢兢业业、小心翼翼地涂抹着各种保湿乳，卸妆时，一定会细心地用卸妆水洗去彩妆残留的化学成分，再仔细地洗脸、去角质、补湿……我已经说不清有多少回呆坐在客厅里，看电视、翻书或者和她们的丈夫聊着天，等待着女士们在房间里贴着面膜的时间了。

我也从来没有在夏日的时候看见过任何一个女人露在衣物外的肌肤上残留着不该暴露的毛发——腋毛、腿毛甚至胳膊上，都清理得干干净净。实际上，除了那顽固的、只能用化妆来进行掩饰的雀斑（倒是很多人觉得有一点小雀斑很可爱），和白种人天生比黄种人略为粗大（只是“略为”）的毛孔之外，我丝毫不觉得她们的皮肤看起来有任何的问题，一样的顺滑柔嫩，一样的充满着年轻的弹性和张力。我有上天的赐予，那她们有什么呢？有天天、月月、年年，持久的努力和坚持。不觉得这一点非常重要吗？

有一次在和朋友们谈论到这个问题时，有一位朋友非常漫不经心地说了句：“我从 12 岁开始就和妈妈一起用保湿乳了。”我惊讶于如此的描述。当我们 12 岁，还在骄傲着青春年少的光华，还尚未有人想到过需要保护肌肤的柔嫩时，巴黎女人已经开始了自己的护肤之旅——当然我并不是说我们应当过早地在脸上涂抹这些化学品，但是一想到她们那份积极于让美丽绽放在自己身上的决心，还是无法不动容。

巴黎女人的美丽，来自她们时时处处的细致和精心，从没有丝毫的松懈；也来自她们对自己充分的认识——当我们还对自己的性别气息懵懂无知时，她们已经开始了关于女人魅力的探索之路。这太让人惊讶了。曾经以为巴黎女子的美丽不过是浑然天成——例如上天给予了她们姣好的容貌，或至少是环境的影响——例如这个城市积累的魅力赋予了她们天生的人文和艺术气息，又或是时尚之都的光环让她们具有非凡的美感，但实际上，真正让她们如珠宝般璀璨的，是她们自己的努力和细致，无论她们身在何方，也无论她们有着怎样的际遇。

这一点是我无论如何都希望学习的。并不是学习她们的美容之道，而是学习她们这种积极的心态。

去法国必败的 5 件人气药妆

Tips

KLORANE 杨树芽沐浴啫喱。KLORANE 这个以植物花草为原料的药妆保养品牌，其产品性质温和，适用于各种肤质。本产品是该品牌的明星产品，精华成分来自杨树芽，气味清新，不含皂质，pH 值中性，在清洁皮肤的同时能有效补充水分，沐浴后水润得不需再涂身体乳。同时，价格也极为亲民。

NUXE 蜂蜜润唇膏。本产品具有高度浓缩天然配方，可适时发挥修护作用，效果奇佳。即使双唇干到效裂，厚涂一夜也能急救回来。患唇疮甚至轻微晒伤的肌肤亦适用（幼童亦可）。淡淡的柚香味很是清新，不足 110 元的价格也很适中。

BIODERMA 净妍卸妆水。闻名全球的卸妆产品之一，质地完全是清水般清爽，但又能轻松卸除厚重的彩妆，连最难搞定的睫毛膏也不在话下，同时没有一丁点刺激感，非常神奇。大大一瓶仅售 16 欧元的价格真是让人不心动也难啊。

Yves Rocher 平衡纯净控油保湿日霜。Yves Rocher 是法国销量第二的美容品牌，这款保湿霜同样是明星产品，粉状质地细腻柔软，闻上去有股令人舒心的精油香，涂在肌肤上显现出亚光质地，但水润感却一点也不会流失，特别适用于油性肌肤。价格约折合人民币 160 元左右。

Plante Syetem 植物纯净修复洁肤水。Plante Syetem 洁肤系列的主打产品。它能在用后就立即提亮肤色，温泉配方又具有消炎和镇静肌肤的作用，特别适用于局部暗淡又比较容易发炎的痘痘肌肤。

“丑”是不道德的

我在国内的好几个朋友都成了“剩女”。

这个情况让我感到大为吃惊，因为这实在是出乎我的意料的。也许出于朋友的立场使得我对她们的评价过高了，但无论如何，在我看来，她们都是相当优秀的。相貌上，虽非惊为天人，但至少也有中人之姿，平日里也很注意对自己的装扮和保养，衣着和装饰也都颇具品位。毕竟“没有丑女人，只有懒女人”这句话大家都耳熟能详，谁也不会轻易放松对自己的清洁和修饰。如果要说女人的魅力不仅仅在外表的话，那这几位也非常符合人们对现代女性的要求，学识和才干也绝不落人后——当然，我绝不是在说她们多么的出类拔萃，但事实是，正是她们这种在平凡基础上的可爱和聪慧，让我实在想不通为什么她们会迎来成为“剩女”的命运。

直到一次偶然联想，我似乎隐隐找到了缘由所在。我的朋友们不丑也不懒，但是在某种程度上却可以说，她们懈怠了。

或者应该说，她们找错了勤力的方向。

教给我这一点的是来到巴黎以后结识的一位女伴。她是一家公司的财务人员，长相普通，却非常有亲和力，没认识多久我们就熟络起来。

有一次我们一起参加一位朋友举办的家庭聚会，鉴于当时我对环境还不够熟悉，于是在去之前她先到我家来接我。我已经收拾妥当了，正在做最后的修整，耳边却突然接到了她的指示："耳环，用这对比较好吧？"我随着她的声音看过去，她手里正拿着一对被我散乱地放在桌上的黑珍珠耳环。

这是我在国内的时候某次经不起朋友的诱惑而买下的，实际上连一次也没有使用过，理由当然是认为自己不够适合——肤色不够白皙的人，佩戴这样的耳环会使脸色更加黯淡。基于这样的理由，我对她此时的选择表示出了诧异，但她却自信满满。结果自然也如她所料，当晚我的装扮大受好评，即使排除那些外交辞令般的赞美，那对耳环给我带来的赞叹也在我意料之外。事后我相当真诚地对她表达了我的谢意，并诚恳地表示，非常愿意学习她在搭配方面的技巧。然后她便说了那句令我印象深刻的话：

"所谓搭配，是与自己对话，寻找与自身和谐的过程。和谐不是适合，和谐里也没有跟风、没有潮流、没有追捧。和谐是和自己的对话，从心灵到身体，坚持不懈。"

也许这才是巴黎女人从少女时代就开始注重保养的原因。因为皮肤是娇嫩且脆弱的，所以每天要花上许多时间来细细地清洗、细细地养护；因为面容是最容易见到也能给人留下最深印象的，所以每天要仔细揣摩适宜的妆容，寻找在那个时间、那个地点、那个场合里最宜人的一抹微笑；因为衣物是承载身体的容器，所以每天要精心地挑选最恰当的剪裁、最体贴的色彩，让身体的乐曲能透过衣物，与外面的世界相一致……最后，因为心灵是如此的隐秘而深邃，还要每天多花上一些时间来读读书，或是听听音乐，在艺术的气息里和自己的内心交谈一番，揣摩一下内心世界的真正走向。

一天 24 小时决不松懈地坚持，只为了在人前留下美丽，为了在人生的舞台上挥洒魅力，更为了在无人所见的一切时刻里，为自己的心灵提供足够的美的愉悦，巴黎女人是不会停歇的，内心属于灵魂的那双眼睛会一直注视着她们，让她们从生到死，毫不懈怠地去精心装饰自己——不，与其说她们是装饰自己，不如说，她们始终在为打造出那个世界上独一无二的“我”而奋勇地战斗。

一生一世，全心全意，不让容颜枯萎，不让灵魂荒芜，为了“我”，决不懈怠——如此的旗帜下，怎不会有善于发现美的眼睛？中国人说，女为悦己者容；巴黎女人却说，女为悦己而容。这番悦己却让全世界的男人都迷醉了。

简单五步，健康肌肤轻松拥有

Tips

用心洗脸。洗脸之前，先把双手洗干净。把脸轻轻打湿，挤出大约 1 到 2 厘米的洗面乳，在手上揉搓。注一定不要直接把洗面乳涂在脸上再打泡，那样会对皮肤产生过分的刺激，然后用由内向外打圈的方法清洗全脸。

小心擦水。化妆水在唤醒肌肤、深层清洁、收缩毛孔和滋润保湿上的功效非常惊人。洗完脸后 30 秒内是擦化妆水的最佳时间，因为这个时候皮肤还很润，所以一定要赶快涂点化妆水。

选对乳液。任何时间，任何肤质都不能省略乳液，差别只在产品的质地及使用量。因为不论是化妆水还是洁面乳，都只能在表层清洁皮肤，而能深入皮肤内部，作用皮脂腺的只有乳液。

保湿精华。无论是干性皮肤还是油性皮肤，都需要深层活化与修护皮肤的供水与锁水机能——要做到这一点，你需要一款保湿精华。

修复面膜。经过一日的风吹日晒，皮肤表面或皮肤底下多少会有些小炎症——当你晚上回到家时，你的修复面膜就该大显身手了。

◦꞉ 宁可不吃饭，也要去美容院 ꞉◦

有好几回打电话给朋友的时候，都得知对方正在美容院。嗯，对，上美容院对女人来说，实在是太平常的一件事了，于是我也从来不以为意——只不过对这样的高频率感到有趣。于是有一次我便调侃地跟朋友抱怨说：“你们真该把家也搬到美容院去。”本以为她们会反对我的嘲笑，没想到大家却平静地接受下来，甚至还有一人在想了想之后，郑重其事地对我说：“不，这句话应该改一下。家的旁边就有美容院，那才是再好不过的事。”

——对此我只能一笑了之。

据说以前曾有一句话形容法国人说，他们不是在咖啡馆就是在去往咖啡馆的路上。我不知道这句话正确与否，虽然法国人的确钟爱喝咖啡，但这也是西方民族的通性——但如果把这句话略作修改以后拿来形容巴黎女人，我却觉得是妥帖无比的：她们不是在美容院，就是在去往美容院的路上。我该怎么来形容美容院之于巴黎女人呢？说得夸张一点，那是连接她们的现实与梦想之间的神奇场所，是通往一个更为自信而富有魅力的自我的魔法之门；说得平实一点，那是她们生活的一部分，就像穿衣吃饭一样平常，不需要再给予更多的额外的注意就会自然而然去做的一件事。

所以，不要以为美容院对于巴黎女人来说只是一个护理皮肤、整理姿容的场所。

在很长的一段时间内，我对于去美容院是没有太大兴趣的。当然，每隔一段特定的时间我也会去一趟，让美容师们好好为我清理一下皮肤里积攒了一段时间的污垢，享受一段愉悦的被人服务的光景，再聊一聊总能让人感到开心的关于美颜的话题。但无论如何，对我而言，去美容院并不是一件大事。

但我的巴黎朋友却对此感到不解。“你把美容理解得太狭隘了，亲爱的。”她们总是这么对我说，“你不认为，对于一个人来说，塑造出自己最棒的形象是一件至关重要的事情吗？（我会回答，是，我当然也这么认为。）那么，你怎么会觉得花在这上面的时间会‘过多’呢？对我来说，现在的时间消耗甚至是远远不够的！如果不是因为还有别的需要做的事情，我应该花费更多的时间在这上头才对。”

随即她们便向我讲解了各种上美容院的好处，比如放松细胞，清洁皮肤；比如蒸桑拿，敷面膜；比如练瑜伽，做体操；比如美甲、美发、上妆。等等。甚至有的美容院会提供带有饮料的阅读室！于是我终于在一大堆让我头晕眼花的名目当中明白了：对她们来说，上美容院实在是美容保健与心灵休憩的集合，那的确是让无数女人花费再多的精力和时间也不觉得为过的。

于是这些美容院成了爱美的巴黎女人热爱的地方。曾有一个朋友跟我说，她“在那里待很久都不会有任何不适的感觉，哪怕因为时间过长而误了晚餐的约会，也丝毫不会觉得有什么不对”。这对于喜爱美食和社交的巴黎女人来说，可真是了不得的牺牲。由此也更能明白巴黎女人那份诚挚的爱美之心——**对于这些整天都兢兢业业于将自我形象以最好的姿态展露于世人面前的女人来说，美容院是她们的休整之所，也是始终的，提供一份自信和动力的地方。**是她们卸下防备，将自己外表的缺点完全暴露于“专业人士”面前的地方；是她们放松精神，在匆忙的生活中得到暂缓的地方（甚至有人觉得比待在家里还放松）；是她们能够在蒸汽、音乐和服务员的手里闭上眼睛让自己畅想的地方。

如果要让我用更感性的话来描述的话，我愿意借用一位朋友的话，是“一个女人尽显柔软，并且重整坚强”的地方。这种描述是令人心动的，而事实上，我也得承认，待在那里时的确会变得心情很好——放松、温暖，并充满着期待。**每次待在美容院里，总能充分领会到那份女人的自爱之心，而懂得爱自己的人，才会让周围的气息变得更平和亲昵，也才会得到别人的爱——也许这便是巴黎女人的魅力之源吧。**

不过即使如此，我也仍然不能成为这支美容院大军中的一分子。在我而言——不，应该是在中国人的概念里——美容更应当是养生的一部分，是不能单纯依靠美容手段而是需要和运动、饮食、睡眠、按摩等各种调养行为结合起来的，甚至她们的很多作为在我看来实在不可理喻，比如过多地暴晒于艳阳之下（这实在大大地有损肤质啊）。有时候我依旧不得不感慨巴黎女人的矛盾之处：一方面她们如此地崇尚自然，另一方面却毫无怨言地忍受那些加诸她们身上、脸上的化学品；一方面她们如此地个性勃发，另一方面却又那么容易听信那些美容师的建议，尝试各种名目的商品或所谓的美容方式。当然这都并不是什么了不起的过失，倒会让人觉得她们非常可爱，并不在时尚的领域里高高在上。而更让我备受鼓舞的是，现在，已经有好几位朋友开始向我学习中国人的养生之道了——对她们来说，爱美才是最重要的。

化妆的唯一重点就是眼妆

我在走出国门之前，曾经听说西方人喜欢在交谈时直视对方，以表示对对方的尊敬和重视（当然直视不是逼视，不是咄咄逼人地盯着或瞪着）。于是当我终于踏入巴黎人的生活圈子时，我首先做出的姿态上的改变就是在交谈时学着轻松地、随意地直视对方。但很快我就发现，这一规律对法国人并不合适，至少对巴黎女人来说，她们并不乐于那样做。她们的眼神总是在翻飞，随着她们思维的变化、跳跃而不停地游离于各处，时而睁大，时而微眯。有时候她们正在和 A 说着话，但却一直在看着旁边的某束鲜花，只是偶尔视线才从 A 脸上划过；有时候她们也会长久地看着对方，但视线会从对方的眼睛、脸部一直游移到领口、上身，任由长长的睫毛伴随着视线的放低而低垂下来，在脸上落出整齐的阴影。我们常说有的人眼睛会说话，尤其是那些勾人心魄的女人的眼睛——巴黎女人恰好拥有这样的眼睛，她们的双眼并不规矩地看着某人，而总是时时刻刻地在述说着什么。那样顾盼生辉的双眸实在是巴黎女人无穷魅力的一大主要来源。

后来我才知道，巴黎人在交谈的时候，不喜欢看着对方，除非他正在和对方调情。

所以也怪不得巴黎女人总是把描摹双眼放在化妆的首位。我曾经向多个朋友询问她们对妆容的看法，总结大家的意见可知：对巴黎女人来说，化妆是很重要的；即使不那么精细的化妆，起码也应该打点粉底、描下眉毛、化好眼妆、抹点口红；再次再次，即使粉底、眉毛都不顾，那描描眼线打打眼影必须被放在和涂抹口红同等重要的位置上——而如果必须在眼睛和嘴之间放弃一个的话，绝大多数人都会选择放弃嘴唇而修饰眼部。可见眼妆在她们心目中有多重要。

巴黎女人认为，美貌最优先的表现形式，不是华丽的服饰也不是窈窕的身姿，而是甜美的微笑和明亮的双眸。所以她们总会极尽所能地将自己的眼睛装饰得更有神采。勾勒眼线是最基本的装饰，在巴黎女人的化妆间里，很容易看到她们横持着眼线笔，细致地描画眼线的场景。很多时候她们喜欢在描完以后用棉棒把末尾的地方再晕开一些，以柔和眼线的轮廓，让妆容和自然的肤色显得更融合。这个招式一点不新奇，却是巴黎女人必不可少的美眼必杀技——即使热衷于化妆，她们也依旧钟爱自然。

在眼影的选择上也一样。大部分时间里，巴黎女人并非我们通常想象的那样花枝招展，她们更倾向于选择比较保守的颜色和描画方式，很少会用过于鲜亮和前卫的色彩来让自己“吓人一跳”。所以，别看电视上的巴黎时装周展示会上，诸家模特们都被造型师们打造得犹如天外飞仙，其实现实中的巴黎女人却更多地采用肉色、棕色、灰色或者深灰色这样的色调，而且渲染得并不很深。有时候她们也喜欢例如浅绿、粉红、淡黄一类的颜色，薄薄地渲染一层，让眼部显得明亮，也让整个人更充满着年轻的活力。毕竟和我们东方人不同，她们的眼窝比较深，任何过于深重的描画方式都会让眼部过于突出，那反倒会打破了整个面部的协调感：没人愿意让自己看起来像个好几天没睡好觉的颓废鬼似的。

然而，一旦到了夜晚，到了那些灯红酒绿的交际场合，到了充分展现色彩与妩媚的时刻，巴黎女人的眼睛又会立刻换上别样的风貌。她们会瞬间变成舞台上最引人注目的精灵，浑身上下都散发着浓烈而令人难忘的戏剧味道。她们会立刻启用金粉、酒红、炫紫这样的色彩，也会大大加重眼线尤其是下眼线的勾勒，会细细地拉长自己浓密的睫毛，会把眼影晕满整个眼窝。她们乐于将自己的眼睛点染得浓墨重彩，也让自己尽情地享受交际和爱情的快乐。有多少人迷醉在她们婉转流连的眼波里呢？这可就得问问男人们了。

日常眼妆四大禁忌

Tips

睫毛纠结。睫毛膏能让眼睛更大更明亮，可是如果涂抹不当或者睫毛膏擦得太多，就会使睫毛膏堆积在睫毛上，搞得睫毛像“苍蝇腿”一样。这样纠结在一起的睫毛，会让人无比尴尬。

眼线颜色诡异。画眼线让自己眼睛大一点，这无可厚非，但注意千万别太出挑，太夸张。诸如红色、紫色等过于鲜艳的颜色，不适合在日常生活中当眼线使用。尽量用黑色或白色，因为黑色显得眼睛大，白色会适当提亮眼睛。

眼线太粗。画眼线，是为了使自己的双眼更加深邃、神采奕奕，但若是将眼线当眼影，画得太粗，反而会弄巧成拙。

魔幻色眼影。眼影的描画应该尽量地追求自然和谐，如果画极具魔幻色彩的眼影（如墨绿色），会显得过于夸张、不自然。特别是对于亚洲人来说，对比强烈的色彩并不适合大部分亚洲人，相比起艳丽的颜色，大地色系更适合亚洲人的肤色。

嘴唇，法国女人的第三只眼

有人说，嘴是脸上最性感的部位。这个说法绝对能得到巴黎女人的全心赞同。女人的情致有多少是靠嘴唇来表达的呢？这问题的答案或许会在每个试图回答的人心里掀起无数浪漫情怀吧。

所以也可想而知，爱美的女人会多么注重借用“唇语”来展露自己；在这一点上，巴黎女人绝对不会输给世上任何爱美之人。借用我朋友的话来说那就是：“我们想过无数的方法来美唇，口红、唇膏、唇蜜——一直以来各种涂抹方式也在变化、革新，**但是无论如何，也不管流行的风潮怎么变化，对女人来说，唯一的目的就是让自己的嘴唇变得更性感、更生动、更美丽。**”

的确如此。一次我在一位朋友家里玩的时候，她的姐姐为了寻找两年前买的一本书而特地清理了旧书架，结果翻出了好几本已经几年没有看过的家庭相册来，于是朋友拿来和我一起翻看。相册里保留着从她的祖辈到她刚上中学时的一些照片，我们看到在那些特意修饰过边缘的黑白照上，她的奶奶抿着细细的唇，虽然看不到色彩，但那黑白色的对比中却更能感受到一抹红唇的细腻魅力；到她的姑姑们和妈妈时，色彩陡然变得缤纷了——对，曾经有过一段时间全世界都风靡把嘴唇抹得异常饱满，而且用色非常鲜艳，在那些还不带润滑和亮色成分的大红、桃红、棕红中，女孩们炫耀自己的活力和丰腴，张扬上天赐予的活泼的能量——尽管到了如今，她们重又慎重起来，绝对不会忘记涂抹口红，但也绝对不会再在任何时刻和任何地方使用这些异常明艳的色彩；再到了我的朋友和她的姐妹们时——她们在七八岁的时候就开始涂抹母亲的口红了，尽管那更像是小姑娘们迷恋成长和美丽时所做的拙劣的装扮。随着她们渐渐长大，嘴唇上的颜色也更加丰富，透过照片也能感受到逐渐丰富的各种美唇产品所滋润出的光滑和柔美。她们也不再像过往那样把自己涂抹得充满了尖锐的性感和个性，而是更乐于尽量依照自然的方式来进行修整和补色。但无论如何，那始终经过精心装饰的双唇，都是她们的微笑或者深邃里不可或缺的部分，无论在哪个时代的照片里，都让人如此难忘。

当然同样令我难忘的是我朋友的化妆台上，如此众多的口红和唇膏——哦对了，还有唇线笔。我看着这些长短不一、色彩各异的小东西，实在禁不住发出了感慨：我能够想象女人该有多么重视和珍爱自己的嘴唇，也绝对相信对于女人来说，各种色彩、各种质地、各种用途的美唇用品都是必不可少的，但她的拥有物如此之多还是大大超出了我的想象。而更令我不得不佩服的一点是，在我仔细观察过多位朋友的化妆台后，我不得不说，这位朋友的行为绝对不是另类。我如同参观博物馆的展品一般细细地端详着这些小东西："好吧你看，（唇膏的）色彩总是需要准备很多的吧？白天上班的时候我得使用这些（一边说着，一边划出一大片酒红色、棕红色、玫瑰红、淡红色、砖红色等不带亮光或亚光或柔光的唇膏），晚上吃饭或者参加聚会，那就得用这些（划出另一部分带有亮色成分或者颜色更为鲜亮的）；如果是气氛更活跃的场合，我还得

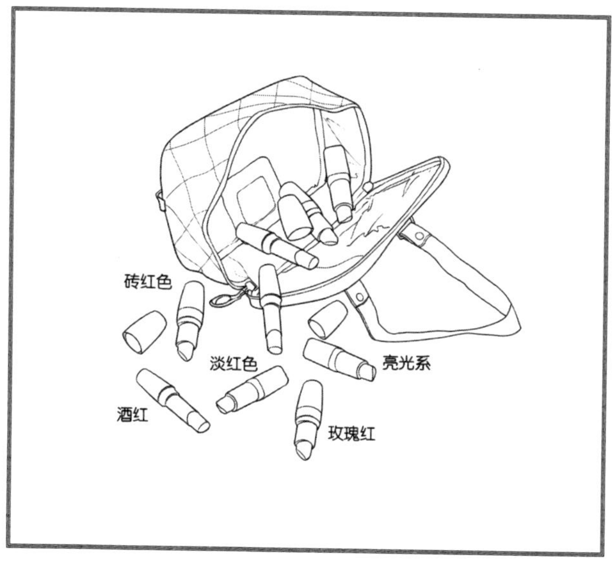

嘴唇是女人的第三只眼，是脸上除了双眼之外，最能展示出一个人的灵魂的部分。

准备这些(指着剩下的几瓶颜色很特异比如米色、白色、近黑色、鹅黄色、草绿色等的)。何况还得考虑和衣服的搭配，你知道，这个才是最让人头疼的部分，有时候甚至会需要将鞋子的色彩也一并考虑进去。当然还得有这些(拿起遮瑕膏、粉底液、唇线笔)，才能做出最满意的造型来，只想依靠唇膏随便地涂抹就能成功，那实在太异想天开了。”说完她睁大着眼直看着我，无辜的眼神似乎在证明她并没有准备过多的用品，而只不过是为了最基本的需要而进行装扮罢了。

好吧，我对此只能说，对于追求精细和个性的人来说，多么充分的准备都不过分。

巴黎女人的爱唇，真是细致到了极点。用她们自己的话来说，那就是，对她们而言，**“嘴唇是女人的第三只眼，是脸上除了双眼之外，最能展示出一个人的灵魂的部分”**。这真是令人惊叹不已的一份爱，对于我这个只有两支无色润唇膏和三只不同色彩(其中一支带亮光)的口红的人来说尤其如此。不过我也终究抓住了她们爱唇的漏洞：嘴唇的性感和美丽固然重要，通过嘴唇而体现的健康之道有多少人明白呢?比方上唇苍白泛青是为大肠虚寒，下唇绛红色为胃热、苍白为胃虚寒，唇内红赤或紫绛为肝火旺，唇色火红是心火旺等等。可惜我还没有说完就被她们一连串的疑问给打断了：什么是虚寒虚热?什么是肝火心火?爱唇的巴黎女人急切而又半信半疑地听起了我一知半解的中医讲座。

可见她们有多么在乎自己的双唇!

跟巴黎女人学唇妆

Tips

步骤 1：用唇线笔打个不脱妆的底。

以往只是用来勾勒唇形的唇线笔现在有了新的用法，它可以用来涂满整个嘴唇，给红唇打一个不会脱妆的底。这种做法的好处是：唇膏脱落的时候，唇色看起来依旧红润饱满，不至于产生很大的落差。

步骤 2：给双唇加点“味道”。

涂满唇膏后，用深棕色的唇线笔再次勾勒唇形，填充唇纹。这种增加了些许黑色印记的红唇便立刻有了深沉的味道。

步骤 3：手指，给唇部定妆的关键“工具”。

用手指蘸一点透明的散粉轻扑在嘴唇上，可不要小瞧了这一步，它是令你的唇妆长久保持的制胜法宝哦。

看，简简单单的 3 步，完美的唇妆，你马上就可以轻松拥有了。

.ₒ 发型，法国女人很在乎 ₒ.

说实话，刚到巴黎的时候，我打眼这么一看，发现巴黎女人并不太在乎发型。起码绝对没有像在乎穿着那样在乎。为什么这么说？因为大多数的巴黎女人所选择的发型，通常都是最简单的：长发披肩，或是或松或紧地扎个马尾。在巴黎的大街上很少看到特别引人注目的发型，这一点和我在东京的涩谷所看到的满街的视觉系造型完全不同，也并没有时尚杂志上那样多的充满艺术感和流线型的样式。和想象的样子真不一样。

大体来说，年轻的姑娘们大都选择留长发（及肩或肩下15厘米左右，她们不像中国人那样喜欢将头发留到长及腰部），那一头柔顺而富有光泽的秀发的确非常动人。她们的头发往往都自然略有卷曲，这也让她们显得更富有动感，而那随意搭在肩上的一缕头发，常常让男人们迷恋不已。我曾听到一位男士将他女朋友的头发形容为“仿佛流动的金子”，这不能说是个很贴切的形容，但他抚弄着女友的头发时那种迷恋的眼神真叫人难忘。有时候她们也喜欢把头发束起来扎成一个马尾辫，那样会显得更简洁也更有活力，尤其是如果采用了歪斜的束发法，更让人倍增慵懒的风情。在很多场合她们常常把头发盘起来，在脑后梳成一个发髻，这往往能给自己增添成熟的魅力。短发也是很多人钟爱的类型，总体的理由除了追求更多的造型美之外，更多的倒是因为“简洁、利落”，会让人显得很干净，也非常适宜搭配各种衣服和饰品。

巴黎女人对发型的要求基本上只是自然且舒适，看起来很简单。但我不得不承认，她们的头发看起来总是很赏心悦目，虽然好像并没有精心地打理过，却又和谐得让人感到相当舒服。这引起了我的兴趣，而谜底的揭晓则来自一位朋友在我家的一次借宿：我看到了她是怎样梳头的。她的发型是非常简单的披肩长发，发线偏分，略有一些刘海，我以为这样的发型只需要将发线分清楚，并且把头发梳得顺直就够了。但我发现她梳了很久，仔细地、一丝不苟地按照固定位置的发线将头发分得清清楚楚。也许这样的行为太过于吹毛求疵了，我想。于是我笑着说：“你是按照黄金分割点来确定发线位置的吗？”她的回答竟然是“是”！

当然以上的话只是个玩笑。按照黄金分割点来确定发线位置，的确会让发型显得更容易被人接受，不过女人的魅力向来多变，具体的分割位置也往往随着每个人对自己的定位而有各种各样的变化。“即使只是一厘米，往左一点还是往右一点，实际上看在别人眼里，你的形象就可以完全不同。”你想显得保守一点还是新锐一点？稳重一点还是活泼一点？让脸长一点还是圆一点？为了这许多的一点一点的不同，精确地确定发线是很有必要的。

由此可见，**发型，巴黎女人很在乎。她们喜欢各种看起来更自然的方式，仿佛自己并没有刻意地去为头发塑形，但那并不代表她们真的会忽视这么一个重要的部分。事实上，她们精心地在乎每一个细节，以让发型能够衬托出自己最美好的一面。**

可以拿我自己的一次经历作为例证。有一次我在聊天时说到想要去理发，希望朋友们给我推荐一家她们觉得不错的美发店，结果引来了朋友们的七嘴八舌。她们问我，想要什么样的发型，我说我没有特别的计划，于是开始了一场针对我适合什么样的发型的大讨论。我并不想详述朋友们对我的评述，只想说让我感到非常惊讶的是，她们讨论的并不是大略的发型的问题，而是非常技术性地、非常细致地研究我的刘海应该往下斜多少角度更合适，脸颊两边的头发应该怎么修剪才更得当，以及我脑后的头发应该削薄多少厘米看起来才最好看。这些问题对我来说实在太过于细枝末节了，我常常都只能讲一个大概，然后就把所有的设计都丢给了美发师。“哦，当然，你当然得信赖并且依靠他们的剪裁，毕竟他们才是专业的；你拿你所掌握的东西去和他们争长说短，那实在无异于以卵击石。**但你得知道自己适合什么样的发型，以及在你想表达什么样的个性时哪些发型最好。你不需要掌握技巧，但你得知道。**”朋友看着我，又重复了一遍“你得知道”，因为这一份“知道”便是一切熟悉和使用的开始。

巴黎女人爱自己的头发，细心地保养它们并且使用最自然、最不损耗发质的方式来处理头发——她们不太喜欢染发和烫发，尽管她们偶尔也会做这方面的尝试，但染发和烫发带来的对发质的损害仍然是她们耿耿于怀的；她们也会依照场合和着装的需要去美发店做各种复杂的发型，但那毕竟只是很少的时候。不过这并不代表她们不重视发型。恰恰相反，她们在意得要命！她们只不过是把一切的小心翼翼都隐藏在以自然为名的掩饰下而已。毕竟，无论如何，有哪个女人能不看重自己的发型呢？即使那些事事都尽力崇尚自然的巴黎女人，也一样。

⁘ 不搽香水，是没有前途的 ⁘

在巴黎的街巷里行走，我的鼻子变得异常敏感。每一个从身边走过去的人，似乎都带着一种可以识别的味道，这些香味丝丝缕缕地飘散在空气里，令人情不自禁地陶醉。香水，让时尚的巴黎成为嗅觉的盛宴。香榭丽舍大街被众多的高级香水店装扮得芳香四溢，地下商场的香水部则让整个商场都香氛缭绕。超市里设有香水专柜，街头的摊贩也经销香水。马路上常有妙龄女郎拿着要推广的新型香水向路人示意，往他们的手腕或衣角上喷洒香水。遇上这种场合，我总会作几次深呼吸，想留住那弥漫在空气中的馨香。

我不止一次徘徊在拉法耶特公司的香水专柜前，欣赏着那一瓶瓶包装精美的香水。美妙的香水像精灵一样躲藏在造型各异的瓶子里，它们仿佛在对每一个走过来的女人暗送秋波。其实不用特意去看，只是听听它们的名字，就足以让人浮想联翩。老牌子葛兰的多款香水都拥有一个个优美动听的名字：“蝴蝶夫人”，“掌上明珠”，“芳心乱坠”，“夜飞行”，“一千零一夜”，哪一个都让女人心动不已。许多高级香水的名字都以鲜明的个性和梦幻般的意境而充满诱惑力。如兰蔻的“璀璨”、“诗情画意”，纪梵希的“爱慕”、“花之精灵”，丽姿的“比翼双飞”，迪奥的“甜美生活”等。**第一款以设计师名字命名的香水——香奈尔5号，更是久负盛名，长盛不衰，成为全球众多时尚女性的最爱**。

法国戏剧家莫里哀说：“一个没有香味的世界，就是一个没有生命的世界。”法国人恪守着这一名言，热衷于使用香水，巴黎女人更是把对香水的热爱发挥到了极致。巴黎女人用香水就像我们用牙膏牙刷一样自然和普遍。记得有一回与一群同学外出旅行，住在便宜的青年旅馆里。第二天早晨，一位法国同学大声惊叫她忘了带香水，那神情和姿态让我至今记忆犹新。不洗脸甚至不换衣服都能忍受，但是没有喷香水就出门，对她来说简直和裸体上街一样不自在。巴黎女人，永远被诱人的香味包裹着。香水，就是她们的第二层皮肤，比一日三餐还要重要。在巴黎的社交场合，若要赞美一个女人，光称赞她的眼睛多么迷人，衣着多么得体已是俗套，只需轻轻地说一句“你身上的味道很好闻”，就足以令人怦然心动。茉莉花香依附着少女的轻盈体态，玫瑰则散发着成熟的香味。香水不仅仅增添了巴黎女人的魅力，更诠释着她们与众不同的个性和气质。没有那些让人遐想的香水，就不会有那些让人着迷的巴黎女人。一位优雅的巴黎女人，怎能够没有香水的呵护？

香水的使用绝对是一门奇妙的学问，生活在香水国度里的巴黎女人深谙此道。不同的场合，不同的服饰要搭配不同的香水，除此之外，香水还要和头发的颜色、天气状况以及个人的心情相适应。所以，一位优雅的巴黎女人少不了要有数十瓶香水。虽然香水的使用可谓百无禁忌，但想把自己收拾得尽善尽美的巴黎女人，个个都会在香水上用足心思。白天做职业女性，用清新不腻的中性香水，符合现代女性独立自主的精神，不至于太过妩媚而被别人当作好看的花瓶。通常洗发水、沐浴露、护肤乳液和发胶等也系出同门，使自己身上的香味在整体上保持和谐。

夜晚是巴黎女人一天中的隆重时刻，要出门喝杯小酒，跳个小舞。她们一定会再次洗澡更衣，换上精致的夜妆，重新拍上属于夜巴黎的香水。想象一下在闪烁的华灯下，一阵阵暗香悄悄袭来，哪个男人能不心动呢？爱情的甜蜜在香味里酝酿着，一段美好的爱情或许就此展开，难怪法国人的浪漫多情在全世界都有名呢？

有一部电影叫《闻香识女人》，香水考验着男人的嗅觉，但它最终是属于女人的。它是女人的武器，是爱情里的迷药，无处不在而又妙不可言。传说著名的埃及艳后克里奥佩特拉，在温柔时刻总叫人在她的船上洒上香水。恺撒和安东尼都无法抗拒这种妖娆气息的诱惑，心甘情愿地拜倒在她的石榴裙下。香水和巴黎女人的结缘，也是因为一个女人。16 世纪初，佛罗伦萨名媛凯瑟琳从意大利远嫁法国。她把自己的私人香水师带到法国，在这位王后的影响下，香水从此成为法国人必备的生活用品。法国贵妇曾有过这样一种时髦：在情书中什么也不写，只在纸上滴上某种香水。这种谈情说爱的方式，今天看来似乎太过古典，但那散发着香味的浪漫却仍然让人神往。美国著名性感女星玛丽莲·梦露曾做过香奈尔 5 号的代言人。她忽闪着那双风情万种的大眼睛，青春灿烂而又妩媚迷人。那句著名的广告语："夜间，我只用香奈尔 5 号。"让多少男人想入非非而夜不能眠。巴黎女人几乎人手一瓶 Chanel No.5，它实在堪称经典中的经典。是啊，有谁不想成为香奈尔广告中的那个女人呢？

红颜早已香消玉殒，没有生命的香水却世代绵延不绝。千奇百怪的香水走马灯似地在台上换来换去，巴黎女人对香水的热爱始终如一。香水成就了巴黎女人的高贵优雅，也成就了自己永恒的芳名。香水，其实并没有毒，有毒的是人的欲望。可是，谁不想让自己优雅美丽？谁不想让自己清香宜人？如果你是一个没有香水的女人，那么快给自己送上这样一份礼物吧。别再犹豫了，每一个女人都有足够的理由拥有它！

巴黎的大街上最容易让人迷醉的，并不是满街充满了古典主义情调的建筑，或是车水马龙流光溢彩的都市幻影，或是碎在女人高跟鞋下的时尚的色彩和剪裁，而是空气里始终时隐时现，或淡雅或浓艳的香水的滋味。对法国女人而言，不搽香水，是没有前途的。

其实准确来说，这句话应该更正为：不会搽香水，是没有前途的。

大家都知道法国是世界香水之都，最简单来说，一个 Chanel No.5 几乎成为世界香水的招牌。其实法国香水之盛，倒并不在于法国拥有多好的香料——不同于法国红酒享誉世界恰是占了法国南部温润气候对葡萄生长的先天之利——而是因为法国拥有世界上最能品鉴和使用香水的女人。

日本女人声称，不化妆是不会出门的，法国女人倒是对此不以为然。化妆、扮靓当然重要，不过相比之下，她们更青睐自然的妆容，大部分人都更喜欢最简单的修饰，甚至素面出门也并不觉得有失体面。但香水是不同的。**在法国女人看来，香水是用来“穿”的，法语的“搽香水”（prendre le parfum）直译过来就是“穿戴香水”，出门不搽香水，简直就像是赤身裸体一样让人感到难受。**最初曾对这种说法略感迷惑，毕竟，香水那样不可捉摸的东西，无论如何也难以与遮身蔽体的衣物相提并论。不过想深一层倒也不足为怪，香水确是比衣物更能体现自我的个性和魅力的，仿佛和指纹一样是更具个人特点和私密性的一种标识。这一点是很贴近法国女人的。与“美丽、漂亮的外表和衣着”相比，法国女人更钟情于独特又不可捉摸、只可意会不可言传的“个性”与“魅力”，正像以前曾听到的一个法国女人所说的，和听到男人说“你的穿着十分得

有一部电影叫《闻香识女人》，香水考验着男人的嗅觉，但它最终是属于女人的。它是女人的武器，是爱情里的迷药，无处不在而又妙不可言。

体，你太漂亮了”相比，一句“你的香水多适合你，你太有魅力了”更能让她心花怒放。由此也不难理解，何以在法国女人的心里，香水占据着如此重要的地位。

以前听说过所谓“搽香水”的正确方法——在耳后、手腕、手肘内侧、膝盖内侧、脚踝等处略微喷洒一点就行。当然也有比较奢侈的办法：拿着喷嘴往上喷，等着水雾慢慢沾染在身上。无论如何，香水在我的印象中一向属于“不可过多”的品类，尤其在见识过某些人满身过重的浓香馥郁之后，更时时在心中警惕“淡雅”的重要。所以当看到一个法国姑娘拿着香水瓶，如同喷杀虫剂（原谅这个比喻吧）般嗤嗤嗤往身上喷的时候，不禁大惊失色。对方却只是淡淡地回了一句：“这是 EDT（Eau de Toilette）嘛。”

好吧，EDT。

需要如上品的珠宝和礼服一般小心对待的是 Parfum，每次只拿小棉签蘸一点点；随性又精细地喷洒的是 EDP（Eua de Parfum），如同和情侣约会时的妆容，精心而又不算隆重，散发一点浪漫味道；EDT 就是小姑娘逛街的随意心情，活泼简洁又能时时新鲜；至于 EF（Eau Fraiche）一类，那就简直是贴身的小睡衣了，求的只是个休闲放松——即使自认为对香水有过一定的了解，在一个普通法国姑娘的滔滔不绝之下也只好甘拜下风，这大概真的并不在于对香水的鉴赏和理解的本事，而在于对待香水的态度了。在中国人看来香水始终只是点缀，淡淡散发的体香才是“女人香”的本质。能善用香水固然是好，但一个不小心涂抹成了“庸脂俗粉”那是比什么香味都不用更难以忍受的。但让法国女人来讲的话——再重复一次：不搽香水，是没有前途的。

香水根本就是她们身体的一部分嘛！

香水的选购

Tips

1. 选购香水时，一次不要试闻太多种，因为嗅觉疲劳后很难分出香水的差异，最多只能闻三种。

2. 试用的位置之间距离越远越好，左右手腕和手肘内侧，每处可各试一种香水，并记住涂抹位置，以便过后选择。

3. 试完香水后，至少等 10 分钟，酒精挥发掉才知道香水真实的气味。最好是离开香水柜台一会儿（因为通常那里混杂了其他香水味），半个小时后再对这种香水进行一番评价。甚至可以就此大大方方地离开直接回家，这样无论前味、中味、后味都可以慢慢地回家去体验，觉得好的话，再来买。

4. 不要在剧烈运动后或吃完饭后试用香水。体温和食物的味道会影响香水的味道。

5. 不要以为别人身上好闻的香味就一定适合你，香水在不同人身上有着细微的差别。

6. 不要直接从瓶口闻香，你闻到的只是酒精刺激的气味。

◌ 裸妆——法国女人的最爱 ◌

刚到巴黎的时候，时常会在街上因为看美女而差点撞上电线杆。于是在心中感叹，巴黎的女人真是上帝最宠爱的女儿，随随便便地便能美到这步田地。直到后来听说了这样一句话才恍然大悟：**“在巴黎，没有不化妆的女人，也没有化了妆的女人。”有点吊诡，是吧？但却相当贴切。**

去法国的飞机上听到过这样一个笑话，如果你有一天忽然到了一个自己也不知道是哪的城市，那不要紧。如果街上到处都是汉堡店，那么你是在美国，如果你每走几步便遇到一间汽车店，那么你是在日本。而如果你视线所及的范围内是琳琅满目的化妆品，那么毫无疑问，你在巴黎。没错，巴黎人就是这么热爱化妆。女孩子从上中学开始，化妆便成为生活中最自然而然的一部分，就像刷牙洗脸一样。在巴黎，化妆还是最基本的礼仪，再漂亮的女人，如果不化妆就出门，那么一定会遭人白眼。曾经很不理解，有的同事明明迟到了，脸上的妆却是一丝不苟的。后来明白，某种程度上说，在巴黎，素面朝天和赤身裸体同样让人难以容忍。

在巴黎，你也很难见到浓妆艳抹的女子，艳丽从来不属于巴黎，淡雅才是王道。我所认识的巴黎女人，黑也罢，白也罢，绝不会用厚厚的粉底修改自己的肤色。粉底当然是要用的，但只是上妆前对肌肤的保护，而不是改变肌肤颜色的涂料。**睫毛膏也是必需的，据说如果让巴黎女人只选择一样化妆品，百分之九十的人会选择睫毛膏**。对于本来就有卷曲漂亮睫毛的巴黎女人来说，睫毛膏的作用在于整体提升，富有立体感的浓密睫毛可以使眼睛显得更加清澈深邃。唇膏当然也要接近自然唇色的。除了酒吧里的女郎，不会有人用加了珠光的唇彩，过分的光彩夺目会喧宾夺主，破坏整体的优雅。而且，我说什么来着，在巴黎，没有化了妆的女人。巴黎女人绝对自信，即使拥有再多的名牌化妆品，她也仍然坚信自然的才是最美的，浓妆则意味着对自己相貌的否定，所以巴黎的女人绝不千篇一律，而是各有各的美，她们用化妆品来凸显优点。如果你在巴黎美女的脸上发现一两颗无伤大雅的雀斑，请不要惊讶，因为她们往往不但不介意，还会引以为荣。对她们来说，这正是她们与众不同的标志。

在巴黎的时候常常去看演出，开场前的红毯秀给普通观众提供了一个零距离接触明星的机会。巴黎的明星往往并不像好莱坞明星似的红唇欲滴眉目招人，她们的妆，刚刚好在强烈的聚光灯下看起来似有若无，那是一种优雅的自然，自然的优雅，伴随着微微的清香走过你身边，整个人便醺醺然醉了。

百合是巴黎人所钟爱的花儿，它不似丁香般的低调，也不似玫瑰般的出位。它以优雅的姿态和馥郁的气息取胜，魅而不艳，简约而不失精致，一如巴黎的女人。世界知名的巴黎化妆品品牌欧莱雅的那句“触手可及的奢华”或许最能道出巴黎女人永恒的追求。

有时候会觉得巴黎女人的妆容就像是塞纳河上的光影，毫无疑问，它使塞纳河变得更加美丽，但那种修饰，是浑然天成、难分彼此的，很难说是谁成就了谁。唯一可以确定的是，它们相得益彰，使彼此达到了完美。

如何用 BB 霜打造最美的裸妆

Tips

打造裸妆，最偷懒最快捷的方法就是使用 BB 霜。但使用 BB 霜之前，一定要先做好基础护肤，使用爽肤水、乳液或者精华液等进行基础保养，保证肌肤在保湿状态下再涂上 BB 霜，否则皮肤会非常干燥。

基础保养程序完成后，用指腹蘸取一角硬币大小的 BB 霜，像涂粉底一样先在两颊、额头、鼻子、下巴等位置分别点上，然后用指腹分别由内而外轻轻推开。接下来可在需要遮瑕的部位取少许遮瑕膏轻轻按压，然后用两手指腹重新由内而外整张脸轻按一遍，以便妆效更自然均匀。最后再用散粉定妆。

接下来就是化妆的程序了，裸妆最求清透自然，所以涂完 BB 霜后，用咖啡色眉粉轻扫蛾眉，把睫毛夹翘，涂一下睫毛膏、眼线、眼影，打一点腮红，再涂一层裸色唇蜜就大功告成了。

Chapter 4　少而精，食而雅

◇不做食物的俘虏
◇会享受食物，才会享受生活
◇巴黎女人吃不胖的秘密
◇把自己酿成醇香的葡萄酒
◇午后咖啡的幸福时光
◇绽放于舌尖之上的甜蜜
◇玫瑰从来不慌张
◇会做菜的女人才有资格结婚

不做食物的俘虏

一说到西餐，恐怕很多人会立刻想到正襟危坐的西餐礼仪，想到那些名目繁多的刀叉，想到餐巾，想到大有名堂的红酒——嗯，我也是如此。要说到这些西方世界里关于吃的林林总总，那就绝对绕不开法国，法国的美食文化也是西方世界里首屈一指的。于是从刚刚踏上这片土地开始，我就仿佛进入了一堂漫长而细心的餐桌礼仪课程——我并没有去参加过任何所谓的讲习礼仪的培训班，但看着我身边的这些巴黎女人，我只得承认，言传身教才是最好的教育。

关于吃的规矩，在巴黎女人这里总是一套一套的。不过和国内所流行的那些教大家学会餐桌礼仪的杂志不同，她们实际上又从来不会认真地鄙视那些没有掌握这套方法的人，除非那实在是不求上进的粗鲁汉。如果我表现得不到位，那么并不会有人显露出任何介意的表情，这些不到位也是靠我自己慢慢的学习和熟悉才意识到的；如果我弄错了什么，她们倒是会立刻指出来，很明确地直接告诉我应当怎样做才是正确的——有一位细心的朋友总是会在我容易出错的地方，比如菜式复杂而餐具众多的时候刻意放慢速度，因为她知道我不晓得该怎么做的时候一定会偷偷地观察她们的做法，于是刻意做慢一点让我能够看清。在此我特别地想要对她表示谢意。

总而言之，在巴黎，吃饭实在是一件让我花了很长时间来慢慢习惯的事情，因为她们有诸多的讲究。对于这一点我倒是没有什么意见，中国人的餐桌礼仪也复杂着呢！不过简单说来，其实这些东西里最基本的要点仅在于：保持良好的进餐姿态，注意进餐时的清洁，以及多照顾一下他人的感受。这和她们在其他生活方面的要求是完全一样的，甚至扯远一点说，**这也正是所谓优雅的最基本的内涵：保持良好的自我状态和多为他人考虑。**

话说回来，**巴黎女人并不一定会在餐桌上正襟危坐，但一定会把脊背挺直，即使她们并不是在享用大餐而仅仅是在喝一杯咖啡，或者即使她们并非在社交场合而仅仅是和最最亲密的家人、朋友在一起。**无论什么样的状况下，这一点是不能放弃的，甚至有个朋友认为："一旦把背脊弯下，人就成了食物的俘虏。"——我想，她所想描述的，也许是欲望和控制力之间的问题。巴黎女人酷爱美食，但从来都拒绝单纯被食欲所驱使。

还有一些是她们经常坚持的，比如说每吃一小会儿就用餐巾擦拭一下嘴唇，以免有任何不洁的东西残留；比如任何时候都不会狼吞虎咽，一方面是觉得那样恐怕有失端庄，另一方面也是为了方便和他人的交谈——想想如果别人问了你什么需要你回答，而你却满嘴塞满了食物，那是多么失态的事情啊！

说到这里，我突然想起了有一次和几个朋友一起去意大利旅游，回来清理照片的时候，我发现了一个很有趣的小细节：有一天中午我们慕名来到一处街头小吃的摊位旁享用午餐，那时候阳光明媚，背后刷得五颜六色的墙壁在阳光下格外亮丽，摊位旁挤着从各国来的食客，有的坐在小桌椅旁，有的干脆就站在路边享用——这让我一时动了拍摄的念头。在拍回来的照片上，有一张的主角是几个从美国来的游客，背向我的那一个正在心无旁骛地大吃特吃，另外有几个人看到了我，于是带着灿烂的笑容向我招手，毫不顾忌嘴边残留的汤汁。在照片的另一角的小桌旁刚好坐着我的那几位朋友，仍然吃得一脸云淡风轻，虽然兴味浓厚，却依然吃得规规矩矩。美国人是一派豪爽，兴致勃勃中尽兴地享受生活里的各种乐趣；巴黎女人却是始终有所节制，享乐却不失应有的礼仪。

和巴黎女人相处久了，有时候我会突然怀念起曾经在学校里和同学们“大块吃肉，大碗喝酒”的豪迈日子，我禁不住抱怨她们实在太过拘谨。松散下来的时刻——她们当然也会有，不过她们更愿意将这种松散表现为交谈时的语言表达，或是一种模糊的气氛，而不愿意以此为理由而显得过于不拘小节；比如在这种时刻，她们会喜欢更随意的话题，聊到开心的时候会毫无顾忌地放声大笑，会在点酒微醺的时刻流露出暧昧的表情，但绝不会垮下肩膀，让汤汁飞溅，在喝汤或饮料的时候发出声音，或是一口喝干了杯子里的红酒。对于巴黎女人来说，有一种姿态是永恒的，那就是一种化在骨子里的矜持。

如今我仍不能很好地使用刀叉——对我来说，还是筷子最方便。尽管我仍由衷地觉得，和朋友们在火锅店的朦胧烟雾里大快朵颐，或是与父母团坐在饭桌周围轻松而随意地享用家常便饭才是最舒服的吃饭方式，但每当我坐在桌边，挺直了脊背，铺好餐巾，随性又端庄地看向我的“食伴”时，总会有一种别样的心情油然而生——我会从我的身体里感觉到一种力量，一种从很多细小的地方往外迸发的，把自己拼凑完整、随时准备好所有的能量往前进发的力量。也许我的那些巴黎朋友们感受到的，恰是同样的东西。

法国牛排

Tips

牛排往往是法式正餐的经典主菜，非常有讲究。叫牛排时，服务生一定会问：要几成熟？牛排生熟，一般分四个阶段：Bleu，表面稍有一点焦黄，当中完全是生肉状态；Rare，即三成熟；Medium，五成熟，牛肉中心为粉红色；Medium well，七成熟，表面焦黄，中心已熟了七八分。在法国，几乎没人会点熟透的牛排，据说某些名厨甚至会把点全熟牛排的客人请出他的餐厅。法国人认为，只有半生的牛肉才有美妙的牛肉原汁，烤的时间越长，肉汁渐渐蒸发，肉质也变得坚韧，鲜美感就消失殆尽了。

◌ 会享受食物，才会享受生活 ◌

在国内的时候，我总被周围的同学称作“大胃王”，因为和一般的女生比起来，我属于比较能吃的类型。但到了巴黎才发现，我的食量充其量只能算作普通。这倒并不是说巴黎女人都有着超强的胃袋，只是她们总是乐于去品尝很多美食，无论小糕点、小饼干还是一顿丰盛的大餐，而我则往往在这种零星的品尝中败下阵来。我擅长稳扎稳打地按点吃饭，但在巴黎却要面对随时出现的美食诱惑，这实在是对人意志和食量的大考验。

有一次在周末我和朋友相约去逛街，因为起得比较晚，于是刚刚碰面，我们就先找了个地方坐下来，喝点咖啡，享用一些小糕点。我们点了两份杏仁小圆饼，这种据说曾退出过法国人餐桌的点心经历了日本人的改造后最近又重新在巴黎流行起来，很多店铺也相继推出自家的独特制法（说实话出于东方人的口味，我很喜欢抹茶的，但我的朋友和我迥然不同，她们对夹裹着厚厚的奶油或者巧克力酱的更加钟爱）。两份小圆饼，一份三枚，再加上饮料，我觉得这作为三个人开始逛街前的“垫食儿”是完全足够的。但女人凑在一起总有很多话题可聊，于是不知不觉间，在吃完了小圆饼后，她们其中一人要了一份南瓜布丁，另一人要了一份肉桂芝士蛋糕。当然，我也实在禁不住她们的劝说，又消灭了一份草莓塔。吃完这些后我们又聊了大约半小时，然后心满意足地、雄赳赳气昂昂地踏上了逛街之旅。

一气逛到将近两点的时候，我们打算停下来歇一歇，整理战果并补充能量。于是我们找了间家庭餐厅坐下来，各自点好了自己的餐点。在吃着沙拉等待上菜的时候，朋友告诉我，很多人对这家家庭餐厅情有独钟，虽然它经营的只是很多家常小菜，但是那种带有浓烈巴黎传统的味道却让很多人难以忘怀。说实话，我并不能理解什么才叫做“浓烈的巴黎传统味道”，在某种程度上我也不太喜欢奶酪加得过多的餐点，不过我知道她们是很享受也很喜欢这里的，这从她们点餐时和服务员大妈（使用中年妇女做服务员，这一点在巴黎倒是比较少见）默契的交谈也可以看得出来。我们在店里坐了很久。当我用完了自己的沙拉、吐司虾贝和一份水果塔之后，发现朋友们竟然都还在慢条斯理地战斗——一人在吃完了土豆酪之后又来了一份三明治，另一人则在消灭了一份千层派后，又禁不住诱惑地点了一份黄金奶油糖，并且一面吃一面向我描述焦糖慕斯和栗子的口味结合起来有多么让她迷恋。说实话，那厚厚的一层焦糖慕斯实在让我看得有些发憷，虽然我知道它的口感一定很好，但是——在全世界追求时尚和美丽的女人们都在拼命控制热量摄入的时代里，她们真的不担心过于迷恋甜食带来的负面后果么？

当我开玩笑地如此抱怨之后，朋友略带一点苦笑向我摆了摆手。“好了，把那样的问题收起来吧。”她摇摇头，“美食当前，其他的话题，容后再说。”说完，又狠狠地挖了一小勺——她们是绝不会大口大口地吃东西的。

嗯，好吧。这就是她们的态度。**对于生活，我们更应当做的，是**

在当享受的时候好好享受，认真地体味各种美好和愉悦。至于之后的问题——比方进食后的体重控制，比方旅游后的支出平衡——那都是以后再慢慢运用智慧来对付就好了的事情。“反正人长着大脑，就应该是用来对各种事情作出合理的支配和处理的。”我不得不承认这句话挺有意思。

在想通了这一点后，巴黎女人就畅快而自由地开始享用各种美食了。她们钟爱五颜六色的甜美糕点，热衷于品尝有着各种搭配的冰淇淋，喜爱世界各地各具风味的小吃，当然最留恋的还是久负盛名的法国大餐。

偶尔我会想，法国菜之所以名扬世界固然跟这个国家是个传统的农业大国有关，但法国女人对美食的热爱和全无保留的享受心态也肯定起着不小的作用。另外一个热点是，她们爱吃也爱做，而且和英国人喜欢追求一成不变的传统不同，巴黎女人对于食物是极其乐于求新求变的。于是这也很快成了朋友们和我交流的一大重点，尽管她们对于中餐的很多烹饪方式不太接受，但却很喜欢从我这里吸取食物搭配的经验来改造她们的菜谱。它带来的好处就是，凭着她们对美食的巨大热情，我常常可以借着让她们进行新尝试之名而堂而皇之地享受她们的招待。是件美事，不是么?

无论吃也好，做也好，能够在巴黎感受到的，就是她们和我们一样对美食保持着巨大的热情。她们享受美食，这在她们的生活来说，是极为重要的一部分。如今的流行趋势让很多女人盲目地膜拜素食和低热量食品，甚至每天只以一点水果和蔬菜（生的或半生的）果腹。这一点实在是很糟糕，因为时尚和放弃对美味的享受之间并没有真正的反比关系。不妨看开一点，像个最时尚的巴黎女人一样，好好地享用美食吧。

对于生活，我们更应当做的，是在当享受的时候好好享受，认真地体味各种美好和愉悦。至于之后的问题——比方进食后的体重控制，比方旅游后的支出平衡——那都是以后再慢慢运用智慧来对付就好了的事情。

巴黎女人吃不胖的秘密

据说法国女人让美国女人最嫉妒的一点就在于，她们总是随心所欲地享用美食，却始终不必担心身材走样的问题。

这话放在如今来看，倒是半真半假。巴黎街头不乏体态丰腴的女人，为了保持苗条而天天愁苦胆战心惊的年轻女孩也比比皆是。在如今以瘦为美的时尚号召下，总有无数女孩为了美丽而为难自己的身体，即使在巴黎也不能幸免。

但我那位三十四岁的巴黎朋友说：“那是因为她们还没长大。”

因为没长大，所以还不能从对时尚的追逐中逃离；因为还没长大，所以还不能找到最适合自己的方式；因为没长大，所以还不能全然掌握让自己优游于生活的诀窍。巴黎的女人说，原谅那些年轻的姑娘们，等她们再长个三四岁，就会成为真正的巴黎女人了。

这真是从容又自信的说法。

但我却是迫不及待的。我壶形的身材可实在不容许我懒懒散散地就这么过下去，偏偏我又总是抵挡不住美食的诱惑。如果生活在一个遍地只有垃圾食品的地方，也许我会为了健康着想而尽量忍耐，可惜中国和法国可都是以美食文化著称于世的，对着琳琅满目的佳肴，谁能够轻易地说自己不会心动?

尤其当周围的人——看看周围那些巴黎女人吧，她们总那么随心所欲地游走于美食之间，仿佛从不担心自己的身材问题。于是我终于忍不住了。有一次，当我在朋友家刚刚享用完她亲手打造的一顿美餐，然后几个人闲闲地坐在露台上享受阳光和饮料时，我提出了自己的困扰。于是我们将这个悠闲的午后时光变成了一场“瘦身与美食讨论会”。而我的朋友们对这个问题的回答，却仅仅是对我报以微笑。

“亲爱的，为什么要把享受食物和保持身材放在对立的位置上？”

这是她们所不能理解的。所以，她们指出了我首要第一个问题即是：**别把食物当作身材的敌人，而应该把食物视为塑造良好身材的“盟友”**。

不要过分担心食物给身材带来的影响，也不要将食物看做是塑造良好身材的负担。

一位朋友说，她宁愿因为过于享受而多多地吃了一些东西，也不愿因为时刻警惕着食物中可能存在的威胁而将进餐变成一场“受难”。“进餐首先是为了给自己带来能量和快乐，如果时刻计较那么多，那我大概会在真正瘦下来之前就先因为过分的担忧而倒下了吧。”说话的时候，她看了看自己，“先把所谓时尚对于‘瘦就是美’的观念丢在一边，你做事情是因为你享受，你愿意，而不是为了别人的需要。稍稍圆润一点不会给自己带来太多负担的。把那些每年每年都把旧词句装一下就拿出来重印的瘦身书丢掉，你真正需要的，是你的身体告诉你：‘哦，我喜欢吃这个！’或者：‘好了，行了，吃这么多就够了。’你为你自己而享受，身体也会相应地做出适当的反应，那么——”她耸耸肩，“听身体的就没错了。”

就像洗脸一样。我们总以为油脂的分泌是带来毛孔堵塞的根由于是反复地洗脸，却总是会忘记，这些油脂对皮肤来讲却是有好处的，洗得过分只会让皮肤加速地分泌油脂。进餐也是同样的道理，当你保持良好的心情来享受美食的时候，身体也会相应地向你提出它自己的建议。听听身体的声音，适度地节制自己的欲望，不要太贪吃，也不必因为摄入了过多的热量而焦虑（焦虑往往让身体更有进食的欲望）。这就是享用美食的第一步。

第二步——“当然这里面也有一点小小的诀窍，如果不想让自己担心太多的话。”正在我犹豫的时候，另一个朋友冲我眨了眨眼睛，“如果体重增加了 10 磅，这当然是让人难过的事情，但如果只增加了 4.5 公斤呢？”

4.5 公斤虽不是一个小数目，但感觉上比 10 磅好多了。4.5 是个比 10 小得多的数字。但仔细想一想，这两者其实是同等的重量。一瞬间我明白了她的小把戏。几个人同时都笑了起来。

当然，真正重要的仍然是锻炼的问题。运动能够消耗多余的热量，也能够让身体更加健康而充满美感，无论采取怎样的减肥策略，运动都是少不了的一招。

但是，“为什么要去特意健身？为什么要在吃了一大堆东西以后就惶恐地赶紧去瘦身”，瘦身是一件长久的事，如果想要保持良好的身材，那么真正需要的并不是应急般的减肥计划，而是长期的让身体与食物和运动达成的协调。

定期地游游泳，定期地打打球，定期地练练瑜伽等——不管有没有摄入过分的热量，这些运动都应该坚持到底。不必运动得太激烈，小幅度地、有规律地运动，然后放心地大快朵颐——这比小心翼翼地计算卡路里然后不定期地大量运动要好得多。

巴黎女人享受美食，这一点毋庸置疑。她们能够真正地体会食物给自己带来的快乐，也乐于通过长久的协调运动来为自己“减负”。看着这些身材并不算很完美，却让人觉得无比协调、养眼的朋友，我想，也许对真正的巴黎女人来说，瘦身这种词也许从来没有真正进入过她们的思考范围，因为顺其自然、尊重规律的生活必然会带来让人满意的结果。其实还有一点，我想才是最重要的：**如果你也像巴黎女人这样，喜欢踩着平跟鞋走过城市，热衷于用传统的方式完成家务，那么，你也将拥有不必为之担心的良好身材，无论你怎么吃。**

吃不胖的秘密

Tips

1. 不节食。她们从不挨饿，从不用零食和水果代替主食，但也从不把肚子塞得鼓鼓囊囊。

2. 少而精。宁愿吃一块上好的黑色巧克力，也不要吃一打廉价的饼干。

3. 原汁原味。尽量吃原汁原味的东西，不要吃经过太多加工、富含化学物质的食物。如果你吃进垃圾（食品），那你也会变成垃圾。

4. 细嚼慢咽。吃一顿饭至少要花 20 分钟，要坐下来慢慢享受进食的乐趣，而不要在走路、看电视、看书的时候仓促吃东西。

5. 多喝水，多走路。多喝纯净的水，而不是化学饮料。去哪儿都步行，尽可能地爬楼梯。

把自己酿成醇香的葡萄酒

也许，是一场奢华盛宴，风度翩翩的绅士，光彩照人的贵妇，个个手端高脚酒杯，红波荡漾，香气四溢，欢笑声阵阵，碰杯声连连；或者，是一家优雅清静的饭店，灯光暗暗，音乐轻轻，一张小桌，一支蜡烛，一瓶葡萄酒，一对情侣……不知道是不是女人天生的小资情结作祟，一提到葡萄酒，我的脑海里，就会不由自主地浮现出上面的场景，毕竟在我的认知里，葡萄酒总是和高雅华丽相联系，与浪漫情调相伴随，波光摇曳之下，掩埋了多少说不出口的遐思与暧昧。

想来我的闺蜜们大抵都有同样的认知，因此在我来巴黎前，她们纷纷前来相嘱，帮带瓶葡萄酒吧。没想到，这可着实让我犯了难——面对那琳琅满目到让人眼花缭乱的货架，我真是有点不知所措了。

法国是葡萄酒之乡，广袤肥沃的良田、滋润适宜的气候，以及种植者和酿造者几代人辛勤耕耘执着钻研的结果，使得这里的葡萄酒种类之齐全，闻名全球，和香水一样，成了法国的另一张名片——即使我早已知晓这些，在亲眼所见之前，我也未曾料到，法国人对葡萄酒竟会迷恋到如斯程度：他们说“打开一瓶葡萄酒，就像打开一本书”，因为酒的内容太丰富太深刻了；他们又说“欣赏一瓶葡萄酒，就像欣赏一件工艺品”，因为酒的制作太精密太细腻了。言语之间掩饰不住的，是如同我们提及丝绸和茶叶时的骄傲与自豪。

人人都爱葡萄酒，这话放在法国可是一点都不夸张，当然这很大一部分要归功于它如此繁多的种类——从10欧元以下到上千欧元，从买来即饮到需要存放几十年的、男女老幼，贫富贵贱，似乎在这里都能心满意足。没有“众口难调”的说法，平民有平民的享受，贵族有贵族的追求。唯一相同的，是品酒时那一脸的惬意与满足。

不同于国内“酒桌上是男人的天下”的观点，在品酒这方面，法国女人个个都是个中翘楚。法国女人饮酒时，大多慢条斯理，浅酌慢饮，小口细品。酒总是慢慢地从唇边滑到喉头，缓缓地流过口腔的每一个部位，再轻轻地咽下——因为她们坚持认为，酒一进食道，就什么也感觉不到了，而如果在没有欣赏到酒的色泽和芳香之前就把酒喝下去，那是放弃了对酒的基本喜爱——所以喝酒之前，她们总要拿着酒杯先看后闻，还不忘晃上几下。每当一口酒下肚后，她们也会窃窃私语般小声议论——高谈阔论是男人们的事，每一瓶酒口感如何，质感怎样，深度几许，重量哪般。这个酒柔软了点，那个酒坚硬了些，这个堪称复杂，那个可算轻盈。有的应该在华氏四五十度喝比较好，有的要配牡蛎才更有味。谈到性起处，还会有什么古典般的酒，音乐般的酒，梦幻般的酒……云山雾罩，天昏地暗。

国内哪种酒有如此多的讲究？所以开始时我听得一头雾水，两眼发直，恨不能立即逃之夭夭，而法国女人的另一种特质在这时就发挥得淋漓尽致，她们从来不会试图用言语强迫我来接受她们的观点与爱好，而总是鼓励我参与其中，自己细细品味葡萄酒的独到之处。

慢慢地，我也学会了简单分辨葡萄酒，白葡萄酒的口感比较清醇，各种果香会伴随着酒体在入口时逐步绽放，回味时依旧是甜的，因此适合配鱼和鸡来吃，也适合与餐后甜食相搭配；红葡萄酒则有一种特殊的甘、苦和涩，酒精的圆润，葡萄汁的微甜，还有单宁的刚劲，有机地融合在一起，便形成了一种醇厚的、复杂的、丰满的、浓郁的、多层次的风格，也因此吃红肉时人们更多会选择红酒；而香槟，则有着晶莹剔透的泡沫，鲜美甘醇的味道和清脆悦耳的声响，有声有色，有香有味，因此往往是浪漫之酒，欢庆之液，是喜庆时刻的必备选择。

所以你看，身教总是比言传要有效得多——如同想要彻底学会巴黎女人的优雅，就非得靠自己在生活中慢慢去体味才是。

有人说精致只不过是做到了别人没有注意的细节，而我想优雅也是。法国人总将心思花在细节之处，比如葡萄酒，除了酒本身有着复杂的国家标准外，酒瓶也有国家标准，波尔多的酒要用直身酒瓶，勃艮第的略带流线型，罗讷河谷的矮粗，阿尔萨斯的细长，普罗旺斯的颈部多一个环。远远一看瓶子，立即就能判断酒的产地。酒杯更有讲究，红酒用高脚郁金香，白酒用小号窄而高的酒杯，香槟用纤长直身……无一不精致悦目，光滑细腻。

这就是法国人，可以把喝酒这样一件无比简单的事情弄得那么复杂，那么讲究，那么深奥，那么庄重。

难免会有诟病者，质疑这样太多拘谨，太少天然，然而法国女人不管，她们对于文化和传统，有一种近乎本能的固执。对她们而言，葡萄酒是一种享受，一种学问，一种知识，一种文化。而既然是传统，又为什么不应该坚持下去呢?

按葡萄的产量，法国不如西班牙；按葡萄酒的历史，法国不如希腊。

可是只有法国才被称为“葡萄酒王国”，就是因为，其顶尖的质量是世界上其他国家都望尘莫及的。

法国女人是质量的最高拥护者，衣物的质量，化妆品的质量，**葡萄酒的质量，归根究底，是生活的质量，她们宁可要一杯 AOC（“法定地区”产酒，位居法国葡萄酒的第一等级），也不会要一瓶 Vins de table（日常餐酒，法国葡萄酒的最低档）——精挑细选，才是她们的态度。**

当然啦，葡萄酒能够滋补强身，防癌益寿，美容养颜，减肥健体，这可能也是法国女人偏爱葡萄酒的另一个原因——想想看，那样重视生活质量的女子，有什么理由不对自己的健康格外关注呢？**一个成功的法国女人，就是要学会把自己酿成丰厚醇香的葡萄酒，让所有看到她的人，微醺在她的芬芳里。**

挑一瓶称心如意的葡萄酒

Tips

法国法律将法国葡萄酒分为四个等级：

AOC　法文的意思为“原产地控制命名”，代表法定产区葡萄酒。原产地地区的葡萄品种、种植数量、酿造过程和酒精含量等都要得到专家认证。这些酒只能用原产地种植的葡萄酿造，绝对不可以和别的葡萄汁勾兑，因此产量不大，仅占法国葡萄酒总产量的 35%。

VIQS　优良地区餐酒，如果在 VIDS 时期酒质表现良好，则会升级为 AOC，产量只占 2%。

VIN DE PAYS　地区餐酒，日常餐酒中最好的酒可被升级为地区餐酒，它上面的标签注明了产区，可以用该区内的葡萄汁勾兑，但仅限于该产区内的葡萄。产量约占15%。

VIN DE TABLE　最低档的葡萄酒，仅做日常饮用。它可以由不同地区的葡萄汁勾兑而成，如果葡萄汁产于法国，即可称法国日常餐酒。

午后咖啡的幸福时光

“如果我不在家，那我就在咖啡馆；如果我不在咖啡馆，那就在去咖啡馆的路上。”

很长一段时间里，我都固执地认为这不过是句戏谑般的广告用语。因为在国内时，我对咖啡的认知更多的是超市里一包包打着雀巢、麦斯威尔等标签的速溶粉末，筋疲力尽时泡上一杯，不待香味完全散发出来便匆匆一饮而尽，提神醒目以应付接下来的繁重工作。

偶尔也会与三五好友相约在接头的咖啡馆里，在昏黄却不黯淡的灯光下，听着舒缓悠扬的乐曲，看眼前小巧精致的茶杯里，袅袅白烟蒸腾而上，心旷神怡地闭目养神，抑或窃窃私语地小声交流着购物与装扮的经验——女人之间永远不会落伍的话题。一天的劳累与疲惫，仿佛都能在这短暂的静谧里，消失殆尽。

遗憾的是，这样的幸福总是短暂而奢侈的，往往会因喧杂的说笑吵闹声，或者打牌的吆喝声而中断，每逢这时，我们只能面面相觑地苦笑，毕竟在国内，咖啡馆更多地与棋牌室、茶餐厅混在一起，想要安然地享受一份闲适，的确太困难了。

但是在我到了巴黎的第一天，目力所及之处都是咖啡馆时，不得不承认，那一刻我的确是愣住了。

早已听说法国有着非同寻常的咖啡情结，法国人的日常生活离不开咖啡。**可直到我在巴黎居住过一段时间之后，我才真正明白，对法国人而言，咖啡并不仅仅是一种饮品。它隐藏的，是丰富而深厚的文化内涵。**

无论是繁华的大街还是僻静的小路，只要有人活动的地方就一定会有咖啡馆。广场边，马路旁，车厢内，游船上，甚至在埃菲尔铁塔那高高的塔座上，都能遇到或大或小，或古典或现代，或装修得富丽堂皇或设计得简洁明快的咖啡馆。

其中最有特色也最具有浪漫情调的，还应数遍布街头巷尾的露天咖啡座。在广场的一角，在桥头的树荫下，在人潮涌动的香榭丽舍大道旁，都可以看到花花绿绿的遮阳伞下摆放着一排排窄窄小小的座椅。有趣的是，这些座椅全部都面向着大街，稍一抬头，看到的就是人头攒动、光怪陆离的街景。

巴黎的女人，对这样的街头咖啡馆，是格外偏爱的。

“一杯咖啡，可以打发掉整整一个下午，再来一块散发着诱人香味和闪烁着晶莹光泽的蛋糕，夜幕就要降临了。”女作家陈丹燕所描述的巴黎日常生活的一个场景，就在我周围一遍遍重复地上演着。

很多个阳光明媚的午后，我与巴黎友人一起散步至步行街的露天咖啡座，要一杯热咖啡，面对马路坐下，在弥漫着咖啡芳香的阳光下，漫不经心地望着悠闲而过的各式行人，自由而惬意地消磨着时光。

在这里，品尝咖啡的滋味并不是最重要的，因为比起在家里自煮上一壶咖啡，更多的巴黎女人还是选择到贵上好几倍的咖啡馆里来喝上一杯。**对她们而言，作为饮料的咖啡只不过是一种形式、一种手段、一种载体，而她们来咖啡馆，更重要的是感受和体验一种闲适的氛围与悠然**

对她们而言，作为饮料的咖啡只不过是一种形式、一种手段、一种载体，而她们来咖啡馆，更重要的是感受和体验一种闲适的氛围与悠然的情调。

的情调。

没有明亮的灯光，没有绚丽的色彩，有的只是若隐若现的音乐。这乐声在人的心头萦绕盘旋，再加上各式各样气质高贵谈吐优雅的巴黎美女，很容易使人不知不觉间沉入一种浪漫柔美的梦幻里。

与国内最大的一点不同是，即使高朋满座，整个咖啡馆的氛围却始终是静悄悄的，甚至连招呼侍者都是轻声细语。这或许是法国女人的一个明显的特点，淡定地美丽着，矜持地优雅着，带着缺少烟火气的美感，让人欣赏却不易接近。

我经常在露天咖啡座里碰到一位老太太，她已经不再年轻，头发变成了银白色，眼神也不再清澈明亮，眼角也起了层层的皱纹，行走也必须依靠拐杖，然而她的打扮却精致得无可挑剔，身着米色的风衣，涂着鲜红色的唇膏，总在下午步行来一家固定的咖啡馆，找一个舒适的座位，一杯咖啡，一小块巧克力，看着眼前的街景，优雅无声地坐上两个小时，天天如此。

“看，这才是真正的巴黎女人。”陪同我的朋友对我微微一笑，她是典型的巴黎美女，有着精心打理过的金色的柔软头发，猫样的小脸，高挑而又苗条，穿一件黑色针织的紧身连衣裙，仅在肩部和胸部织有少许白色的简单图案，只几道，就有别样的风味。而与这黑白呼应的是她黑色手提包上那一点白色的商标图案，以及黑色细高跟鞋沿着鞋面边嵌的一条白色的纹饰。她的双手白皙而修长，涂着银白色的指甲，端起面前同属黑白色系的咖啡杯，散发着无与伦比的自然与和谐。

某种程度上，她们是相同的，无论优雅了多久，在她们生命中的所有时光里，她们仍将继续优雅着，并不会因渐渐老去而有所松懈，更不会因为环境的变迁而产生丝毫增减。

我在她的熏陶下学会了辨认不同的咖啡，un ex-press 是最便宜而又最具法国风味的咖啡，这种黑咖啡的苦味比较浓，所以总是盛在小咖啡杯中；而牛奶咖啡被叫做 un caf é aulait，正宗的法国牛奶，咖啡和牛奶的比例为 1：1，而且冲泡时要将牛奶壶和咖啡壶从咖啡杯两旁同时注入，这种冲泡方法已经延续了几百年。expresso 是特浓咖啡，据说它源自意大利，是将现磨的咖啡豆用蒸汽机压出来的，一份一小杯，很浓很香，表面还有一层厚厚油状的泡沫。un cafe creme 是我最熟悉的卡布奇诺，也就是奶油咖啡……

每逢望着朋友的神采飞扬，我都会默默感叹咖啡馆的神奇魅力，它已经成了法国气质的象征，与法国式生活方式的一种标志，闲散却又舒适。

法国有句谚语：“Ie repas sans fromage comme la journ é é sans soleil.”意思是说，对法国人而言，如果吃饭少了奶酪，就好比一天没了阳光。而生活在巴黎那么久之后我却觉得，如果让巴黎女人的生活里少了咖啡，或许一定会比没了阳光和奶酪更让她们失色吧。

“如果巴黎少了咖啡馆，恐怕会变得一无可爱。”谁说不是呢。

◦꞉ 绽放于舌尖之上的甜蜜 ꞉◦

如果要问，世界上有什么是女人无法彻底拒绝的诱惑，我想甜点一定能够名列前茅的。

这可绝非夸大之词，因为甜点几乎囊括了所有不能做正餐的食品，无需顾忌营养，也不必受到口味偏好的禁锢，故而种类繁多，千变万化。开心时能令女人倍加甜蜜，忧伤时又能让女人的不快减半——不要怀疑这一点，多年前那部风靡全球的影片《这个杀手不太冷》里，即使木讷如莱昂，也知道用鲜奶来抚慰小女孩马蒂尔德的心灵，那么，我们又有什么理由怀疑甜品是女人的心爱之物呢。

当得知自己即将踏上巴黎的土地时，除了欢欣雀跃，我的内心深处，同时升起了一个隐秘的好奇，如果一杯牛奶都可以被那位天才的法国导演用来诠释浪漫，那么，对那些与他生长在同一个城市的巴黎女子来说，甜点究竟得占据着多么崇高的地位啊。而这对于我，一个从来不会拒绝任何甜点的中国姑娘，又该是多么巨大的惊奇与欢喜——好吧，或许我真正要担心的，该是体重计上那将不断上升的数字才是呢。

果然，从踏上巴黎的土地的第一天开始，我就义无反顾地栽进了那甜蜜的诱惑中。

对于巴黎女人来说，甜点是生活密不可分的一部分，与咖啡的地位等同。也因此在巴黎的街头，甜点店是一种绝对必要的存在。大街小巷里，矗立着占地宽广的百年经典老店，小巧的日常店铺，甚至还有仅占街头一角的小摊，林林总总，不一而足，供应着天堂一般美味的点心。歌剧院蛋糕、玫瑰伊思芭翁、玫瑰圣欧诺黑、布达鲁耶洋梨塔、蜂巢蜜桃慕斯、口味各异的玛卡隆杏仁蛋白饼……这些我用了好久才能叫出甚至更多压根叫不出名字的极致甜点，总是以那样完美的姿态挑战着每一个巴黎女人的视觉与味觉极限，齐声向她们舌尖的味蕾召唤。

Pierre Herm é e, Ladu é ee, Jean-Paul é Hevin, Angelina,Patisserie Sadaharu Aoki, Dalloyau…这些闻名遐迩的经典店铺，大都坐落在塞纳河的左岸，摆放着各式精美糕点的橱窗，有如珠宝首饰般璀璨耀眼，而想要享受它们，抱歉，你要先做好排上几十米长队的准备。没办法，谁让人家名声在外呢。

在阴雨绵绵的日子里排队可不是件美事，我屡屡望而却步，然而却总被同来的巴黎友人微笑着劝回："亲爱的，不要着急，等待的果实才是甜美的。"

巴黎女人拥有我所见过的，无与伦比的耐心，她们可以为了一小块 tarte tatin（苹果倒塔），在凄风冷雨中等待半个小时，而且不会有一丝一毫的抱怨。在等待的过程中，她们或是对着橱窗内的商品悄声评论，或是低声细语上一次在何处的品尝经历，无论年纪大小，她们都仿佛少女一般，笑意盈盈，毫不掩饰地展露着她们对那些小东西甜蜜而美好的憧憬。

我总是怀疑，巴黎女人对甜点的格外偏爱，是不是因为她们在那里看到了自身的影子。法式的精致，法式的优雅，法式的多姿多彩，在琳

琅满目的甜点中被演绎得淋漓尽致。即使再普通不过的烘焙蛋糕，都可能会配上鲜绿或者鲜红的颜色，排列成花园的样貌，甚至还会搭配小花朵作为装饰品，沾染上些许时尚的味道。

面对等待的果实，巴黎女人的品尝，显得那样的慎重。即使是在露天的遮阳伞下，她们依旧正襟危坐，灵巧优雅地使用着刀叉，小口地，慢慢地咀嚼，那一时刻，与其说是享用，倒更像是享受。

用你的眼睛，感受它的精致秀美；用你的味蕾，感受它的细腻柔软，任香甜爽滑的口感在舌尖如烟花般绽放，然后缓缓传向四肢百骸；用你的内心，感受每一位糕点师独特而细腻的心思。忘记减肥，忘记塑身，只在那一时那一刻，放纵自己的，身心，投入一场视觉与味觉的盛宴——这，才是巴黎女人对于甜点真正的态度。

这种享受，与金钱无关。当然，一小块高达近百元人民币的费用的确从另一个侧面烘托了这些出身不凡的甜点的身份，但那并不是巴黎女人钟情与热爱它们的原因。她们的选择，永远不会是因为潮流或者品牌——那是“没脑子的姑娘才会做的事情”，巴黎的女人们毫不留情地评价。而她们自己，从来都是遵从内心本能的欲望，以及，在对自己口味了解与坚持的基础上来进行选择的。

其实这样高价的享受，在巴黎女人的日常生活中并不常见，大多数时间，她们更倾向于性价比较高的街边甜点。香草可丽饼、马卡龙杏仁蛋白饼，以及普及度最高的法棍面包，占据了日常甜点的半壁江山。

比之大店面制作的豪华贵气，法棍似乎更像布衣荆钗的小户女儿，不过可不要因此而小瞧了它们。无论是清晨面包店前排起的长队，还是傍晚时分抱着长长的法棍面包形色匆匆地归家女子，可都是极富法国特色的图景哦。

即使面对着的是这种在中国都很难登大雅之堂的甜点，巴黎女人的态度，也没有丝毫的改变——嗅着新出炉面包的扑鼻的小麦清香，看着那火候正合适的金黄色的外貌，然后品味咀嚼时悠长的滋味，察“颜”观“色”，一道工序都不会错过——如同她们对待最昂贵的高等甜品。

能够让胃感到饱满的，有时并不是食物本身，而是它滑下肠道时带来的温暖。推而广之，能让女人感觉甜蜜的，或许也并非甜点本身，而是在那个时刻感受到的犒劳与轻松。

坚持这种信念的巴黎女人，当然永远都不会有“过量”这种烦恼——你何曾见过“过量”的“享受”呢?

法式大餐的用餐礼仪

Tips

首先，坐姿应保持上身端正稍挺胸，臀部将整个座椅坐满，轻轻将餐巾拉开，盖在膝上。避免含胸，或臀部只沾座椅外沿。

喝汤时，汤勺应由自身一方向外舀汤。这样即使万一泼洒也不会弄脏自己的衣服。记住，汤再烫也不要吹。

切牛排时左手用叉按住食物，右手用餐刀把它切成小块，然后叉住送入口中。吃完一块再切一块，不要一次切很多小块。而且注意每次要将叉上的食物完全放入口中，不要举着一块食物小口小口地咬。刀叉只有用餐时才拿在手中，凡用餐巾擦嘴或手持酒杯时，请放下刀叉。

暂时离席时，餐巾应放在椅背上，刀叉应成八字形放在盘子上，刀刃朝自己，表示继续用餐。如果刀刃向上，勺把指向自己，或将餐巾放在桌上离席，服务生很可能认为你已经结束这一餐，然后把你的餐具及剩下的食物收走。顺便说一句，如果女士补妆，最好去卫生间，而不是在餐桌上。

用餐完毕，可以将餐刀餐叉合并在一起，汤匙把直指自身，以示不再用餐。吃肉时要切一块吃一块，不要一次切完；吃鱼不要翻过来吃，吃完上半层鱼，再用餐刀将鱼骨去掉，吃下半层；吃鸡时可以用手拿着吃。已吃进嘴里的鸡骨、鱼刺，要用餐叉接住，轻轻放入盘内。

玫瑰从来不慌张

“我也想精挑细选，只吃健康食品，可我公司周围只有快餐店……”

“现代生活的节奏那么快，哪有时间细嚼慢咽呢，唉！”

我发现我越来越会情不自禁地与闺蜜畅谈巴黎女人，她们的美丽，她们的风韵，她们那即使到了80岁似乎也不会有一丝走形的身材，成了我们津津乐道的话题——这并不奇怪，美食与身材兼得一向是所有女人的至高梦想——然而，哦，为什么要有然而，这个词总是那么残忍地粉碎女人的梦想，在羡慕之余，在力图效仿之余，永远都能听到上面这样的抱怨，对条件受限的抱怨，时间不足的抱怨，对种种让女人明知危害却不得不选择的妥协的抱怨。

这些当然都是事实，经济的迅速发展，社会节奏的日益加快，仿佛一架高速运转的传送带，让置身于其中的每个人都承担着巨大的压力。尤其是女人，既要在瞬息万变的环境中为自己争得一方立足之地，又要平衡事业与家庭的种种关系。追求效率追求速度，心力交瘁之下，享受美食享受生活，似乎成了一个可望而不可即的梦想。

难道老天独独青睐巴黎的女人——很多闺蜜愤愤不平，和我当年一样。万幸，是当年，而不是现在。

初来巴黎的那两个月，我每天抱着书或者食物手忙脚乱地跑在租来的房子与学校以及打工的餐厅之间，连午饭与晚饭都是匆匆啃上几口面包或者直接在街边的快餐店解决。朋友笑着说我简直是“子弹一样的女人”，倏乎而来倏乎而去。可即使如此，我却依旧觉得即使上帝肯一天给我 100 个小时，我也没有办法得到一个夜晚的充足睡眠，或者看完一本一直无法看完的书。

直到有一天，我再度顶着鸡窝一样乱的头发，带着两个浓浓的黑眼圈，怀揣两块干面包就要冲出门时，被我的房东及时喊住了：“亲爱的，停一停，你为什么要这么赶？”

为什么，我惊诧不已地看着她。我要处理的事情堆积如山，我的日程排得满满当当，不这样节约时间我还能做什么?

我至今都庆幸我努力地向她表明了我的困境，虽然这个结果是让我错失了一个下午的打工机会，但是比起我所得到的受益来，我想这真是太划算了。

在那之前，我完全不知道眼前的这个女人，不过 30 多岁的女人，竟然是一家全球著名奢侈品公司的市场总监，她手下管辖着数千名员工——可是，我所看到的她，生活安排得井井有条。她有充裕的时间逛街，做美容，每天为自己准备便当，闲暇时还在阳台上养了一大盆怒放的玫瑰——上帝，我一度还以为她是位纯粹的家庭主妇呢。

“好吧，或许你真的有很多事情要做，”在听了我近半小时的唠叨与抱怨之后，她睁大一双清澈的眼睛——法国女人代表性的仿若碧玉的眼睛，一眨不眨地看着我，仔细地斟酌着用词，“但是，忙碌并不代表着你要慌张啊。”

繁忙并不意味着慌张，并不意味着你要因此而放弃美食，放弃身材，

玫瑰从来不慌张。

放弃能让女人感到愉悦的一切——而要做到这一点，你既要正确认识你的时间，又要学会在正确的时间做正确的事情。

她讲起她的一次经历。她曾经出差去美国，在飞行的终点站，她环顾四周，发现人人都在狼吞虎咽地吃着汉堡、油炸食品和比萨，仰头灌下大罐的苏打水或咖啡，还时不时地抽出两只手，噼噼啪啪地在手提电脑的键盘上敲打、接听手机、哗啦哗啦地翻阅报纸，而当时是上午10点。“我不明白，”她笑起来，“他们干吗要吃东西，那是早饭，提前的午饭，还是仅仅为了打发时间？”她接着强调：“我觉得他们的样子与其说是在吃东西，不如说是在往嘴里填垃圾，我甚至看不到一丝饮食的愉悦。”

是的，愉悦，巴黎女人很重视这一点，她们将饮食视为生活中一件需要慎重对待的大事，无论什么时候与什么地点，她们都坚持对餐馆的精挑细选，然后坐下来，一手拿刀，一手拿叉，不慌不忙地享用食物。

“每个人拥有的时间都是相同的，”她坚持，“但是对事物的态度是不同的，如果你觉得你没有时间，那么其实只是你觉得它不够重要而已。”

无论是外出与客户会面，还是必须在公司里独用午餐，她几乎从不选择任何垃圾食品，她宁可寻求其他种种提高工作效率的手段，也不愿意自己进餐的那一个小时被剥夺一分一秒，而如果她发现无法寻找到符合自己心意的食物时，她宁可提前在家里自己准备。

“我不可能有时间的！”我哀叹。

“你有的，”她又笑了，“在我真正做这件事情之前，我也跟你一样认为，这是不可能的，我做不到。但是，你看，我现在坚持这样做已经近10年了，我并没有觉得，这让我的生活有什么不同，我更没有觉得，我因此而变得更加忙碌了。”

按照她的说法，更多的时候，我们只是没有养成习惯。

习惯是种可怕的东西，它总在悄悄侵蚀你的生活，改变你的态度。当你习惯了汉堡薯条这样的垃圾食品，你便不会对维生素有太多要求；当你习惯了重油重盐的口味，清淡爽口的东西就再也不能吸引你的味蕾；当你习惯了狼吞虎咽，便永远没法再体会细嚼慢咽的好处；当你习惯了任何时候都慌慌张张，你往往也不会再去好好规划你的生活。而当这种种习惯叠加在一起，最后你要面对的，就是走形的身材和憔悴的面容。

习惯并不是一天就能养成的，她第一次为自己准备便当时，花了足足两三个小时，她也曾怀疑过，困惑过，然而思考之后她依旧选择了坚持，因而今日便永远是一副气定神闲，胸有成竹的样子。——“其实你也可以的，”她端出一份烤好的小圆饼，又斟给我一杯浓香的奶茶，“想清楚你的目标，然后想想你的能力是否足够达到你的目标，别给自己太大的压力，用平常心来坚持，就够了。”

我永远忘不了那个下午——阳光下，她端茶啜饮，整个人仿佛散发着一层淡淡的金光，那样知性，那样从容，身边玫瑰盛放——那种她钟爱的花朵，从生长抽叶到蓓蕾绽放，不管遭遇什么，从来都不会慌张。

法餐上菜次序

Tips

法国人一向以善于吃并精于吃而闻名，法式大餐名列世界西菜之首。正式的法国大餐，标准的上菜次序是由开胃菜开始，汤、鱼、果冻、间菜，然后是烧烤、沙拉、甜品和咖啡。点菜时，面包一栏不用填写；而点酒时，每道菜式的配酒都要清楚指明。

1. 开胃菜（Hors d'oeuvre）。这是第一道菜，用以提高食欲。一般是分量较小的冷盘，菜式主要有熏鲑鱼、生蚝和面包。开胃菜的味道、颜色和食物形状，应该避免在下一道菜中重复出现。

2. 汤（Soupe）。分有味道清淡的清炖汤，以及由多种食物材料煮成的浓汤。

3. 鱼（Poisson）。鱼、虾、蟹或贝壳类海产，用蒸、煎、烤等方法烹煮的菜式。一般都会将壳和骨头去掉，煮后淋上调味汁。

4. 冻（Sorbet）。一种冰冻的果品，用以突出葡萄酒的味道，也能在口腔中留下甜味。

5. 间菜（Entr é ）。将肉以多种方法进行烹调，加上调味汁与主材料相配，若再加入一些芳香的蔬菜，则更有风味。菜式种类主要有牛扒、煨菜、肉排和烧烤等。

6. 烧烤（Roti）。肉块去骨放入烤炉里烧，再加些作料，味道会更好。

7. 沙拉（Salad）：把新鲜的生蔬菜凉拌，再加入沙拉酱搅拌即成，除了蔬菜外，还会加入鸡蛋、鸡肉、肉类加工品等材料。

8. 甜品（Dessert）。法式餐后甜品有各式糕点、甜饼干、雪糕和布丁等，大多数都装饰得很漂亮。

9. 咖啡（Cafe）。饮品的种类选择虽然多，但在正餐结束时，一般都会奉以咖啡或红茶。

○ 会做菜的女人才有资格结婚 ○

蓝天白云永远如油画一般美丽，色彩缤纷的花卉四季分明，摆放得整整齐齐的蔬果摊有如调色盘般绚丽，再加上多年文化的积淀，即使再不情愿，我也不得不承认，巴黎，真是一个非常疼爱女人的城市。

那些衣袂翩翩，裙角飞扬的巴黎女子，精致入时，眉梢眼角里，永远荡漾出塞纳河与凯旋门的风韵，个个仿若“不食人间烟火”的精灵。然而你能相信么，她们中的大部分都是烹饪高手——因为在法国，会做菜的女人才有资格结婚。

我始终困惑她们究竟是怎么做到的，在我记忆中优雅似乎等同于“十指不沾阳春水”，忙碌于厨房的另一个代名词就是“黄脸婆”，但是巴黎女人，又是如何在这两者之间找到平衡点的呢?

好在不久之后我有机会受邀参加我的法语老师的朋友聚会，终于找到了这个问题的答案。

按照法国不成文的约定，我迟到了 15 分钟才到达聚会地点——她家的庭院，这并非我第一次来她家，然而刚一踏进去，我还是被眼前的景色惊呆了。

时值 7 月，正是法国的薰衣草盛放的时节，巴黎的大街小巷里无不弥漫着醉人的芳香。她家的布置方式当然也与这个季节紧密相关：紫色翩然浮上亚麻桌布和绿叶枝头，渲染出了一派和谐的浪漫氛围，盛放着熏衣草和各式花草的大大小小的陶罐在花园里的斑驳树荫下闪着亮眼的光泽。古朴的银色餐具，荷叶边的餐盘，黄澄澄的橄榄油，手磨的胡椒粉，树上更垂下斑斓的水晶灯……而她，就与她的先生一起站在庭院的入口处，扬着明媚的笑容，等待着每一位宾客。

她其实不年轻了，40 多岁的年纪，眼角也已经爬上了浅浅的皱纹，然而我却从来没有见她去费力掩饰这些皱纹过，今天也是如此，妆容得体而大方。若说与平常有什么不同，大概就是她今天穿的衣服。或许是为了行动的方便，她选了一件普通的 T 恤，随意搭配了一条牛仔裤，两厘米后跟的鞋子，极其平常，可是却匠心独运地搭配了一条长长的丝巾，在一边肩头打了个牡丹花结，余下的部分则巧妙地结在颈后。随着微风的吹拂，轻颤婀娜，再配合她一对金属质感得稍显夸张的几何形耳饰，原本一身普通不过的装扮立刻熠熠生辉，比明媚的日光更加夺目。

我不由暗暗赞叹，看来，**是我局限了“主妇”这个名词的含义，它未必代表着疲惫，代表着憔悴；或者说，我局限了巴黎女人对于优雅的演绎，她们爱美的心思和艺术化的品位，注定了无论什么时候，什么场合，她们都能避免平常与平庸，展现出自己的不落俗套和与众不同。**

“美丽隐藏在细节里。”这话一点不错，当我再一次更认真地环视整个庭院时，不由更体会到了她对这次聚餐的重视，以及布置时的细致，应和着时节，熏衣草成了餐桌上的主角。餐巾纸选择了淡紫色，上面还细心地准备了熏衣草的小包，作为送给每个来访的客人的礼物，每个小包里，两株幼嫩的熏衣草从封口处探出头来，朝人微笑；席位卡片一排排整齐地插放在绿豆盘中，在居中的盆景的阴影下，仿佛一排排可爱的小椅子，客人带来的捧花被插在不同的水晶瓶里放在餐桌上，仿佛静谧的暖日和灯晕中沉思的油画……

“这个布置真不错。”我抑制不住心中的赞叹。而这样的欣赏让她的神情更为愉悦。“这些花都是我们自己花园的，是我先生亲自打理的。”她骄傲地说。可还不待我插话，她的先生，一位同样优雅但平日里稍显沉默的男人则迅速地接口：“但是装扮这里的是你，亲爱的，这真的太漂亮了！太棒了，我爱你！”然后，便是一个火热的 kiss。

我不禁莞尔，谁说甜言蜜语都是毒药？或许正是聪明的法国男人永远不忘给予妻子赞美的习惯，才是真正让法国女人心甘情愿地学做一手好菜的理由吧。

当天的菜色我至今记忆犹新，法国菜素来以要求严格而闻名，口味要偏于清淡，色泽要偏于原色、素色，要追求高雅的格调，而不能使用不必要的装饰。汤菜尤其讲究原汁原味，不能用有损于色、味、营养的辅助原料，因此即使法国菜里使用最多的是微波炉和烤箱，并不需要煎炒烹炸，它的制作也依旧是劳心劳神的。

如何既让客人一饱口福，又不会有任何浪费，同时还要兼顾情趣与氛围，是每次聚会时，摆在主妇面前的一道考验，而显然，这些是难不住我的法语老师的。

这次受邀参加聚会的朋友共有十多人，因此她采用了半自助式的聚餐方式，前菜、水果与汤均事先准备好由客人自取，主菜则在适当的时候，由她烹调好后逐一端上桌，让客人既可以坐在阳光下悠闲地聊天，又不会因太过分散而有被冷落的不快。

那是我第一次知道，原来餐桌也可以是艺术台：鲜嫩欲滴的葡萄提子、火红的无花果、黄澄澄的鸭梨，新鲜的什锦水果散发着清甜的气息；

刚刚出炉的面包与蛋糕散发着诱人的香气，与事先准备好的饼干一起，以一种诱人的姿态散落在雅致的托盘里，任由客人取食；清爽的蔬菜汤里淋上了橄榄油，艳丽的色彩可以媲美缤纷的春日；还带着晶莹剔透的水滴的鲜花被精心地插放在各处，散发着蓬勃的活力……各种香味混合在地中海微咸的空气里，轻轻飘摇。

主菜当然更不能马虎，她选择的是法国常见的青口，但是烹制得滑嫩爽口，用来做配餐的薯条，也是色泽金黄，长短适中，甚至连做调料的番茄酱，都是用大量新鲜的西红柿煸炒而并非超市里购买的成品……

整顿饭，宾主尽欢。不要以为巴黎女人不需要面对清洁餐具的苦恼，根据我的留心观察，当日里我的老师手上，开始时就最起码过手了 40 个盘子，50 把刀叉，40 只杯子，10 套咖啡杯碟；在用餐的过程中，我们每一道菜都更换一套盘子，因此她既要不停地将各种菜盘端上桌，又要数次把用过的盘子送进厨房；待到我们用餐完毕，她又将这次用到的上百件餐具亲自插放进洗碗机里，洗完后一件件取出来擦干水，再分门别类地归档……

我看着都觉得痛苦的工作，她却做得津津有味，井井有条，没有一丝一毫的烦躁。我想这也是巴黎女人不为人知的另一面吧，在优雅得近乎疏离的外表下，她们都是贤妻良母的典范。原来优雅与厨房，从来都不是对立的。

Chapter 5　优雅是一种生活态度

◇别忘到我家沙龙来

◇有巴黎女人的场合从来不落寞

◇巴黎女人的“傲慢”

◇时尚，性感and自重

◇巴黎女人的优雅拒绝术

◇爱情是女人最好的保养品

◇生活怎能缺少鲜花的点缀

◇高雅但不孤傲

◇不做小女人

◇微笑，巴黎女人从来不吝啬

别忘到我家沙龙来

到达的时候，大约是下午 4 点。我捧着一束花站在朋友门前，门铃响起了柔和的音乐声。

门开了。朋友穿着她刚买的一身红色小礼服，金褐色的头发漂亮地卷曲着。接过我的花，她满怀欣喜地笑了笑，把我迎进门去，一面称赞着我的装扮，一面热情地给了我一个拥抱。她丈夫也走了过来，笑着和我打招呼，并把我介绍给已经到场的其他朋友。

那是我第一次参加朋友家的聚会——之前的几次邀请，都被初到巴黎的我委婉地拒绝了。只因为她们在邀请的时候用了一个可爱的词：沙龙。哇。对我来说沙龙意味着什么？意味着十八十九世纪上流社会贵妇们的华丽客厅，意味着无数成名的艺术家、大文豪、思想家、政治家穿着紧身的西服站在仰望自己的社交名媛中侃侃而谈，意味着许多尚未成名的学子怀揣着各自的野心自卑而慷慨地指点江山，意味着言语的交锋思想的碰撞，意味着妙语连珠也意味着剑拔弩张——好吧，我得承认这是我对沙龙过于浪漫主义的幻想，源自少女时代对于法国文艺和花都巴黎过于热烈的想象。由此也就可想而知，当朋友邀请我出席在她家举办的沙龙时，我的内心正在经历多大的震撼和激动！于是我在兴奋而又紧张的情绪下婉拒了朋友的邀请也是情理中的事——当然实际的情况是，那时的我还在进行自我与周围环境的调试，不想那么急切地、在没做好准备的情况下就像嗅到花香的蜜蜂一样一头扎进新鲜事物里去。

无论如何，在经历了一段时间的适应以后，我终于踏入了一般巴黎人的日常生活。于是我站在了这个客厅里，面对着对我扬起笑容的陌生的三男四女，微笑着和他们打招呼。

做完最初的介绍后，我找了个独立沙发窝进去，身前的小茶几上放着朋友自己烤制的糕点和一些切好的水果。话题也从放在我斜前方的大波斯菊一下转移到我身上。看得出来，在场的客人对“中国”这个字眼都颇有几分兴趣。

我讲起了中国的名山大川，也说到那些令国人自豪无比的悠久文化，但最让他们感兴趣的还是神奇的“中国功夫”。那个名叫雅克的工程师手舞足蹈地学起了在电影里看到的拳脚动作，朋友的妹妹艾拉也像模像样地展示了据说她刚刚学了点皮毛的太极拳。功夫的话题很快延伸出其他的保健运动，我们又从运动一路聊到了奥运会。大家纷纷表示了对北京奥运的称赞（也许是因为我在场），其后话题又迅速地转到希腊身上，所有人都大抒己见地评论起了雅典奥运会糟糕的财政状况。

那个可爱的女主人，我的朋友，在我们聊天的时候并没有说太多的话（她丈夫对话题的参与倒是很积极），但是看得出来，她始终希望将话题保持在大部分人都感兴趣的范围内。她曾经做过两次努力，一次在我们说到功夫的时候，她曾试图把话题引向正在泛滥着“功夫热”的好莱坞，可惜刚刚过去的奥运会显然比好莱坞更能激起大家的八卦欲。这次失败让她略有些失望，不过没过多久她就真正地发挥了自己的作用：当身为投资咨询师的弗雷德瑞克对着雅典奥运会的收支状况喋喋不休的时候，她微笑着插了一句：“你懂得可真多，要我说，雅典给我印象最深的，恐怕也只有那些历史悠久的神庙了。”

“噢，是的，神庙！”看起来和我一样被财经话题压抑了很久的芮妮赶紧抓住了这个字眼。气氛一下子热闹起来，无论是文明古迹还是旅游都能够让大家有机会畅所欲言。我偷偷地看了看朋友——她正对自己满意地微笑——随即又把注意力转向了话题的中心。

一直到晚饭开始，来参加聚会的人们都热烈地讨论着各种各样的话题。说实话，这时的我已经比刚来的时候要放松得多了。我记得当我们在餐桌边坐下的时候，我还在很热切地和芮妮交换着关于织毯的意见；也看见弗雷德瑞克正和另一个头发剪得极其干净利落的大男孩（后来知道他叫文森拉斯）在窃窃私语。谈话在用餐过程中一直持续着，我们一边听着朋友讲述她去年年底在阿姆斯特丹的奇遇，一边品尝着她亲手炮制的美食——天知道她到底是什么时候准备好了这些！美味的鹅肝温沙拉博得了大家的赞赏，不过我并不是很喜欢，倒是那道炖小牛肉颇得我的欢心。享用过美酒佳肴后，大家又重新聚集到客厅里——不过这一次并没有再度开始此起彼伏的讨论，而是所有人都投入到纸牌游戏里——原谅我们吧，像孩童一样大喊大叫并非我们的本意，但那样热烈的游戏气氛，却实在鼓动人放下所有的矜持。

对我来说那一晚是极其有趣的。一整晚我都处于情绪高涨的状态，不但结识了新的朋友，而且和他们的交流让我感到畅快而欢欣。而我的朋友，恐怕也和我一样享受着那样夜晚的气氛，从她的神情里可以感受到她是多么地沉浸于让朋友们得到快乐的满足感中，甚至到第二天早上，我帮着她一起在清晨的阳光里开始收拾头一晚狂欢后留下的残局，并表示虽然聚会很快乐但组织聚会很辛苦时，她仍迷醉在晚间娱乐的宜人芬芳中。“大家开心地聚在一起，这不就是最棒的事情了么？”她对我眨眨眼，一脸的快乐。

好吧，对于巴黎女人来说，做一个沙龙里让人感到愉悦的女主人，就是件无比令人憧憬的事。《圣经》里曾言：别忘记款待陌生人，曾有人因此在不知不觉中款待了天使。也许，巴黎女人正是怀着对生活里的“天使”们的热爱，才如此孜孜不倦于组织如此的聚会吧。

法国·沙龙·女人

Tips

沙龙（Salon），最初只指空间意义上的大厅，后来才渐渐和文化接轨。首个沙龙诞生于16世纪的法国。进入一个著名的沙龙在某些时刻是文人获得承认和荣誉的重要途径。沙龙也被称为“女人的天下”。在定期举办的聚会上，那些著名的沙龙女主人斜坐在客厅沙发上，围绕在身边的，往往都是同样著名的男性文人。在女主人温柔目光的鼓励下，他们相互毫不留情地诘难与讨论。这些品位高雅的女主人此时充当的不仅是主持者，也是文化的鉴赏者。她们对新鲜的文化有天生敏锐的嗅觉，再加上天赋的社交才能，使她们能从容应对每一位客人，并自然成为沙龙的中心。

有巴黎女人的场合从来不落寞

生活在巴黎最大的乐趣，并不在于可以随时享受到华美的时尚带来的视觉刺激，也不在于能随处感受到博物馆、图书馆和文化院里铺天盖地的人文气息——生活在这里最大的乐趣在于，巴黎的人们总能够给人带来生活的愉悦感——对，尤其是巴黎女人。跟她们待在一起总能享受到很多快乐，那是和任何艺术的美感都截然不同的、纯粹生活化的快乐，是生活里真正能够打动人的东西。

我曾经以为她们会很难相处，毕竟总是能听到关于法国女人非常高傲冷漠的传言。尽管在来到巴黎前我也有过几个巴黎朋友，但我总以为她们其实是巴黎女人中的特例，是因为身处异国才特意表现出格外的开朗活跃的。当我真的踏上这片土地，熟悉了生活在这里的人之后，我终于了解到，她们就是这么擅长在任何时间和任何地点，面对着任何人挖掘出生活中的意趣来。简而言之，有巴黎女人的场合从来不落寞。

首先，她们绝对是最好的畅谈者。我实在想不通的是，她们怎么能办到在每一次的聚会里都有无数的话题可以聊！从这些无尽的话题里我学到了很多经营生活的知识：怎么修剪插入瓶中的花枝，怎么把面包烘烤得更松软酥脆，怎么制作当前很流行的那一种小点心，怎么保存大衣才更好，在做家事的时候听哪种音乐更让人觉得有干劲，从哪一条路线来逛街会逛得最有收获……当然这些都是女人经常交流的内容，对全世界的女人而言都如此，只是对于巴黎女人来说，在她们细致的眼里，这些内容总是更新得很快。在大多数场合，她们总显得略有些保守，并不太愿意过多发表自己的意见；但在这样放松的时刻，立刻就会显露出女人天性里的叽叽喳喳的本能，迅速地交流起各种富有意趣的内容来。我真是对她们的充沛活力和细致观察佩服得五体投地。

有一次，几位朋友在我家聊天时提到了我家附近新开张的一家点心店，把它的产品和她们所熟悉的一些店进行了比较，然后向我询问看法——可我甚至还没有注意到在一周前那里新开张了一家点心店！我一直以为可怜的老波尔还一脸苦相地在那里经营着他的香料铺子呢。我不得不说，很多时候我生活里的种种惊喜都是这样由我的朋友传递而来的，这真是让我又惭愧又惊讶。

女人们在一起交流得很多的当然是各种和装扮与穿着、保健与家庭相关的话题，不过也别以为巴黎女人只会这些碎碎念。无论谈到什么样的话题，她们总能够顺利地接下话茬跟你聊下去——这才是巴黎女人最厉害的地方。最让我惊叹的一次是，有一回我和一堆同事聊天，也许是因为加入进来的男人太多的关系，聊着聊着他们竟然说起了军事：这对大部分女性来说实在是个全然不懂也毫无兴趣的领域，于是我开始在男人们对武器的系数比较和各国的军备评点中闭嘴，而且逐渐显得无聊。可在场的另一位女同事却听得津津有味，而且还不时地提出一些疑问，或是加入到人们的争辩中去。事后我非常感叹地对她说：“对军事感兴趣的女人可不多，说不定你应该去从政。”结果她大为惊讶：“不不不，我可搞不清那些东西，他们说的我全不懂。我的认知仅仅是从那些讲二战的电影中得来的，但是你知道——（她凑到我耳边）他们喜欢你能够跟他们对话，但是又不如他们懂得多，所以我想，我所了解的这些东西对于聊天是绰绰有余的。”说完，她挤了挤眼睛。

这可真是丰富而实用的一堂课！它向我启示了很重要的一点，那就是：很多时候，你并不需要对话题具有充分的量的掌握才能参与其中，事实上，交流的技巧往往能弥补这一点。当然这也就牵涉另一项在交流中重要却仍被很多人忽视的事情，那就是倾听。**巴黎女人善于倾听，她们能够让你从交谈中得到乐趣，正在于她们总能表现得对你的话题很感兴趣，对你的意见大为赞赏，让你源源不断地、心满意足地在她们的目光或语言或姿态的鼓励下大讲特讲**。当然她们绝对不会喜欢装成无知的小女孩，但正是那样一种在知性和内敛中又包含着好奇和钦佩的目光最让人乐于接连不断地讲下去。就我自己的经验而言，被那样的目光看着的感觉可真是棒极了：你不会简单地认为自己找到了一个意见的发泄对象，而总是被她们恰到好处的提问和鼓励弄得仿佛找到了知己，于是从交谈中得到了无穷的乐趣——和知己交谈总是快乐的，无论如何，交流总是一件美事，而巴黎女人总是能够让你轻松体验到这样的快乐。

当然她们也言语幽默，能够让你常常感到愉悦；当然她们也装扮适宜，总是能给你赏心悦目的感受；当然她们也举止优雅，从不会让人感到真实的冒犯——但这些都不是她们让你不会感到落寞的真正原因。抹掉那份可怜的落寞感的，是她们的“在乎”：在乎生活，在乎活生生的日常世界里的一点一滴；在乎你，在乎你的感受，在乎你的心情，所以，在乎你的话题。有这样一群把你放在心上的朋友，你怎么还会感到落寞呢！

巴黎女人的“傲慢”

别以为巴黎女人永远是一副优雅迷人的成熟女人模样，有时候，她们也会做出一些如同小女孩一般的无厘头的行为。比如有一次，我和几个朋友聚在一起聊天，在把近期的一些热门话题都聊了一遍之后，其中一人提出了玩游戏。游戏的方法很简单：我们找来一堆小纸条，把它们分发给所有人，然后每个人都在纸上写下对在座其他朋友的评价和对自己的评价，再把这些纸条汇总起来一起品读。说实话，这真是个够傻气的游戏，我记得我在初中的时候曾和朋友这样玩过，之后就再没做过这种让我们觉得很幼稚的事情。但是当我看到朋友们兴奋中带着认真的眼神时，我还是照做了。在很多事情上，外国人和我们的想法真是很不一样的。

随后我注意到一个有趣的事情：有好几条评价里都写了“傲慢”这个词。有四个人在对他人的评价里用了这个词，有一位朋友在对自己的评价里也用了，甚至有人把这个词用在了对我的评价里。我一面感慨着她们说话真是直接，一面半开玩笑地叫起冤来：我认为自己待人一向谦和有礼，尤其是在走出国门以后。但她们对我的委屈更是诧异，原来在她们眼里，傲慢竟然是个带着褒义的词语！当然，这种褒义是有其限定范围的，只有在某些情况下，在某种程度上的傲慢才会被视作“好的行为”。但这种七嘴八舌的解释把我弄得更糊涂了。我希望她们能够明确地解释一下所谓的“限定范围”到底包括哪些情况，以让我能够更深入地了解巴黎女人的心态。结果却是，没有任何一个人能够给我精确的答案。每个人似乎都能感觉到这个词给女人带来的无穷的魅力，却又没有谁能够把它真正地描摹清楚——不得不说这样的状态的确相当适合女人！在经历了一阵子的讨论之后，其中一位朋友对此作了总结：“**对女人来说，适度的傲慢是一种良好的品质。**”

如果抛却掉骨子里的傲慢，巴黎女人就不再是巴黎女人了。

骨子里的傲慢。好吧，其实完全可以换个说法：那是一种继承自祖祖辈辈的、顽固而执着的、根深蒂固的强烈自信。**对于巴黎女人来说，遵从自己和表达自己是如此重要，她们总是热衷于固守自己的矜持，不愿随意放弃自己的生活方式**。比方说，巴黎女人绝不会放弃自立自主的机会，即使她们对着男人花枝招展、巧笑倩兮、温柔婉转，但是别期待她们会对男人百依百顺。我认识一对夫妻，妻子是巴黎人而丈夫是意大利人，有一次我们聊天的时候那位丈夫开玩笑地说：“我本想把她变成一个意大利女人，没想到她却把我变成了法国男人。”我问他这种改变都有哪些具体的实例，他耸了耸肩：“谁知道呢。就是那种——你知道，潜移默化的。如果我们意见相左，她并不会和我争吵，不，非但不吵，还总是以很温和的态度接受我的意见。但最后的结果却是，隔了几年后我突然发现，她的生活习惯变成了我的！我被她彻头彻尾地改造了！”说到这里，他突然凑到我耳边放低了声音：“现在在我们家，连比萨和意大利面都不吃了，因为她说不能在家里吃快餐！”在他的大笑声中我只好偷偷咋舌。

其实，在这个时尚之都到处都能找到巴黎女人傲慢的例子。比方说，尽管时尚在年年变化，尽管巴黎是世界上最大的时尚制造地之一，但生活在这里的女人却依然坚持着自己的审美方式。她们让全世界的人都随着自己制造出的时尚潮流而涌动，自己却站在垓心全然不为所动。

在巴黎街头随处可以看见的是上个世纪的搭配方式，甚至很多人还在坚持从上上个世纪、上上上个世纪流传下来的优雅原则，这实在是我没来巴黎之前完全没有想到的。当然问题就在于，她们就是会把这些搭配和原则弄得跟自己妥帖无比，而绝对不会让你觉得她们过时、老套！

我的巴黎朋友偶尔会对当前的流行嗤之以鼻，对我新近购买的一些时尚衣饰挑挑拣拣，但我却并没有多少反击的能力，因为她们总会有自己千奇百怪的方式，把一些很普通甚至很古旧的东西倒腾得风情无比——每当这时，我只能奉上羡慕和嫉妒。

很多人都说法国人傲慢，比如他们曾坚决反对启用贝聿铭来设计卢浮宫前的玻璃金字塔，就因为他来自“没文化”的美国！直到后来大家知道贝聿铭是华人才作罢。有时候我也会对这样的傲慢不以为然，因为实质上，它是一种文化和审美上的极度自恋。但也有很多时候，我会认为这种傲慢很精彩，尤其是当我看到巴黎女人那种对于自身和生活的美的精雕细琢的追求时，实在会忍不住认为，适度的傲慢的确是女人魅力不可或缺的部分。无论她们怎样慵懒散漫，但对于传统的迷恋、对于礼节的惜守却真的让她们风情万种。

时尚，性感 and 自重

上大学的时候，教西方哲学史的那个美国老头很受学生的喜欢，因为他相当幽默，能把枯燥且令人生畏的西方哲学讲得如天方夜谭般娓娓动听。有一次课间的时候，他坐在桌子上和学生们聊起了他的过往，他在学生时代混乱而众多的情史。按他的话来说，那是“狂放又迷茫”的青年时代。我们一帮学生听得如痴如醉，一边被他的言谈逗得哈哈大笑，一边津津有味听他评点各位女友，一边暗自感叹果然西方人就是这么开放又混乱。然后有个男生问道：“现在你有几个女朋友？”一听这话，他就连连摆手，立刻换上了又严肃又庄重的脸色来：“现在？不，现在我只忠于我妻子一人。”说完，这虔诚的教徒还手摸心口，郑重表示自己的诚恳。

我们纷纷相互对视，对他的言辞半信半疑。

后来在一次感恩节的餐会上我们见到了他的夫人，一位年过半百、和蔼可亲的法国老太太。闲聊的时候有人向她提到了上次的话题，老太太颇有兴味地听完了我们的转述，却什么话也没说，只是深深地看了她在会场对面和别人聊天的丈夫一眼。对正是年少又对爱情抱持着朦胧和向往的我们来说，那一眼里的深情让我们很受震撼，而在了解了他们三十多年美满如初的爱情婚姻史之后，那一年，所有的女生都成了他俩的崇拜者。

究竟是迷乱还是忠贞？西方人的感情观成了我们心中的谜题。

答案在一年之后被给了出来。**“爱情当然是多多益善，感情的交流和身体的性爱都是。这两者，哪一边都不该忽视。不过一旦结婚——”她做了个有点无奈，但又充满了无比幸福的表情，“结了婚的话，就该把一切都奉献给另一半。”**

她是我近距离、长期接触到的第一个巴黎女人。我大三那年我们相识，她是到我们学校留学的法国学生。我以兼职的形式教她中文，不过不久之后，报酬就变成了她教我法语。

相识不久我就领教了她的强大能量：在入学一个半学期内，她换了四个男友！两个中国学生，一个美国学生，一个英国老师，实在不能不说是一份辉煌的战绩。这在当年的我看来是难以接受的。对我来说，即使只是单纯的“谈恋爱”，即使双方都有着自由选择的权利，但无论如何两个人的相处都应该尽量相互忠诚，并尽可能地持久，因此我频频对她的这种“朝秦暮楚”颇有微词。在得知她和那个美国学生的交往只是为了享受性爱的快乐后，我直接崩溃了。尽管我理解成年人有满足自己生理需求的权利，也知道西方人在这一点上有着比中国人更开放的态度，但还是无法容忍这样的事情发生在我的朋友身上。于是，借着 次语言学习中的讨论，我向她表达了我的不满。

然后她有了上面的说辞。当然，在这句话之前，她还花了足足一个小时，用蹩脚的中文掺杂着我还不甚精通的法语，向我解释了她和这几个男人交往的缘由。正是在她这番自信满满又略显急躁的解释中，我深深地体会到了她与我的友谊，同样的，也确实地明白了她对于交往的诚意：她积极地享受爱情，却并不玩弄感情；她快乐地享受性爱，却不被性的愉悦所迷惑。这份坦然和优游，给我留下了很深的印象。

到了巴黎以后我见识了更多的巴黎女人。的确，她们都和我的那位朋友一样，迷恋如此“招蜂引蝶”的日子。她们乐意与不同的男人发生各种或深或浅的关系，有时候长久地公开交往，有时候则不过做做一夜“露水夫妻”。我也对此司空见惯了，有时候耐不住寂寞，也会学她们的样子去寻找一些“浪漫的邂逅”——嗯，对于女人来说，爱情的滋味的确太美妙了。

享受爱情，享受性的生活，但并不轻信盲从，并不滥交胡来——现在的我正在学着巴黎女人这样的生活方式。至于我的朋友，她则已经进入了下一个阶段：就在半年之前，她与一位生活在南部的机械师结婚了。我不得不承认的是，婚后的她变得更美丽了，那是一种成熟的平静的女人的美丽。当我偷偷向她提到她以前的罗曼史的时候，她俏皮又深切地眨了下眼睛：“都过去了。”

那一瞬，我想起了大学时见过的那位法国老太太。

巴黎女人的优雅拒绝术

世人都说，法国人很浪漫。对于这一点我在来到巴黎之前实在没有什么具体的印象，只能从所看过的电影中模糊地感觉到，法国大概遍地都是爱情，人们总是自由而随性地追逐着爱情的光辉，而不愿错过任何一次美丽的邂逅。来了巴黎之后对这一点有了真切的感受，那就是：法国真是个搭讪的国度！无论是男人还是女人，即使只是在街上偶然碰到了自己心仪的类型，也往往可以非常大方地主动搭讪，这样开放而明朗的态度实在让我颇有些震动——我可绝对无法做出对一个陌生人说“我喜欢你”这种事来！当然他们对此也有自己的解释：能够遇见喜欢的人是件不容易的事情，而任何美好的感情（对，感情，不是单指恋情，也可以包括友谊）总需要一个开始。尽管他们都对性爱抱持开放的心态，但并不是任何一次搭讪都意指着狭义的床上运动，很多时候，所谓“我喜欢你”只不过表示邀请你共进一杯咖啡，或是希望你来参加一次美妙的聚会。

所以，如果你在巴黎遭遇了一场搭讪，大可不必仿佛被踩到了尾巴的猫一样尖叫着逃走；当然同样也别抱持着“过高”的期望，以为接下来一定有一场生动的艳遇。

但是我还是不得不说，这一点如今被很多人滥用了。我曾听到一些稍微年长的巴黎女人抱怨，说现在的孩子们越来越轻佻；也有很多人以为一到了巴黎就是到了风流的乐土。但实际上，无论是真正的巴黎女人还是巴黎男人，其实对这样的行为都是很谨慎的。男人说，他们只是在寻找街头的美丽，谁都愿意和中意的姑娘们有一段小小的浪漫（也许还可以把浪漫发展得更持久），但并不意味着他们喜欢随便摘取街头的鲜花；女人则说，有男人的搭讪是件很美的事情，但是，优雅的女人懂得节制，而聪明的女人则懂得拒绝。

我还记得自己第一次在巴黎街头被搭讪的场景。那天我一个人在街头漫步，走累了就靠在桥的石栏旁休息。这时有位男士站到了我旁边。他先是称赞我的头发很漂亮，然后问我是不是游客——态度非常礼貌而友好。我则有一搭没一搭地跟他对着话，一边为了避免对方“欺生”而装出老到的样子来，说“我在巴黎住了很久了”，一边暗自琢磨着他的意图到底为何。于是我俩的对话成了一场持久战：我们漫无边际地聊着关于巴黎的各种事情，他讲了好些个笑话，而我则尽量放松地、礼貌地应答着，心里则惴惴地期待这件事情能尽早结束。可是我却始终无法顺利地说出终止聊天的话来，因为他仿佛兴致很高，而且也没有任何恶意。最后我终于等到了他的离开。临走时他像个老友那样拍了拍我的肩膀：“我的亚洲姑娘，你很漂亮，真的。和你聊天也很开心，谢谢你的耐心。不过下次，如果你再碰到像我这样喋喋不休的陌生人，你完全可以狠狠地让他闭嘴，然后大步走开。”

听他说完我顿时觉得窘迫的红云烧满了我的脸。而这件事也成了朋友间的笑料，足足让她们笑了一年之久。不过她们也安慰我说，不必把这个放在心上，任何人一开始都有因为说不出“不、停止、够了”而窘得发晕的时候。

技巧的熟练总得等到她们慢慢长大。什么时候可以大方地接受，什么时候应当委婉地拒绝，这是需要慢慢学习才能掌握的。有时候，拒绝是因为对方并不全然抱着善意而来。一位朋友直言不讳：有很多男人，跟你搭讪就是为了一夜风流！风流并不需要全然拒绝，但必须谨慎对待，这时候他们的态度就不免惹人讨厌了。“他们也会装出全然的绅士风度来，你就得谨慎，别为着一时的风度就度过一个虚无的夜晚。”朋友说这话的时候，表情很严肃。

有时候拒绝反而能成全女人的魅力。有一位同事一直有个殷勤的追求者，但她并不太喜欢他，常常拒绝他的邀约——当然，她从来不会冷漠而直接地说“不”，而总是委婉地表达，说些比如“我想如果怎样也许会更好”，或是“如果你怎样我想比较好一些”的话。我以为那位先生在遭到了长达一年半的拒绝后会偃旗息鼓，但他却对我说：“怎么会为这点挫折就轻易放弃呢。你看，她是多么吸引人的一个姑娘！”听着这样的话，我突然意识到，也许这位同事只是在玩欲擒故纵的游戏吧！

懂得拒绝还能够避免跳入很多不易察觉的陷阱当中，当然我是指购物。商场里那些琳琅满目的商品——每一样，每一样都是女孩子们喜欢的——仿佛都在热情地招呼你去拥有它们；橱柜里的衣服总是展示着最美丽的样子，宣扬它们是世界上最棒的设计品；电视上总会有无数的购物节目告诉你有很多好东西能带来更舒适和便利的生活；书店和影院的海报总是摆出如果你没有看过这本书或者这部电影，那就实在落后于潮流的姿态。**无论是物质世界还是精神世界，面临的诱惑总是那么多。但是，巴黎女人懂得说不。“不要靠别人来设计你自己的生活，你得知道自己到底要什么。”不要沉迷于表面的浮华中，也不要迷惑在别人的推荐里，要在万千世界里寻找到自己想要的。**这正是懂得拒绝的巴黎女人智慧，也正因此，才会诞生出这些迷人的、让人难忘的人间精灵吧。

爱情是女人最好的保养品

有句话是这么说的：爱情是女人最好的保养品。它最早的出处我全然不晓得，但实在不得不对说出这话的人表示最高的敬意，这话实在说得太对了。

我有一位朋友，说实话她已经不太年轻了，但是对于爱情的追逐，仍然同年轻的姑娘一样热切。有一次我们和另外一位朋友一起逛街，在我住的公寓两条街外的一家咖啡厅里休息时，发现服务生里有一个非常讨人喜欢的墨西哥小伙子——他有着阳光般灿烂迷人的笑容和阿喀琉斯般健美的体魄，最重要的是，他对女士们的体贴和时时冒出的俏皮话实在让人禁不住心花怒放。讨喜的男人总会成为女人话题的中心，那天下午我们也一直在仔细观察并评点他的外貌、衣着、谈吐和举止，猜测他的许多私人情况，甚至包括他可能的床上表现。不过，当时的我并没有想到我的朋友会真的采取行动，还以为那不过又是一场女人们惯有的八卦和闲聊。

但是，一个星期后，当他俩手挽着手出现在我的周末聚会上时，我也没有感到过于惊诧和突兀。我知道这是人的本性，对于美好的——自己喜爱的——事物的追逐之心就是如此。有时候我们开始一段感情之前会慎重地考虑许多：对方的家世、身份、前途，两人持久相处下去的可能性，未来生活的规划等等；但有时候我们忘记了这些，眼里只看到对方这个人，只想到他的人品、他的个性、他的爱好，以及他给自己带来的快乐。**巴黎女人擅长从人和人的交往中发掘快乐，自然也绝不会放弃谈一场美妙的恋爱这样能让女人感受到万般甜蜜的事情**。我的那位朋友，尽管她平日里也极其擅长修饰自己，总是让自己显得尽可能的赏心悦目，但我仍然不得不说，刚刚开始的这场恋爱才更是让她容光焕发了；我不得不说，那时候，她的周身都被一份毫不做作的天真和纯粹装饰着，她的脸上闪耀着浪漫的激情的容光。某些时候，她甚至变得有那么点儿像小女孩了，一会儿显得越发机智、灵活、口若悬河、妙语连珠，一会儿又突然丢失了灵巧和聪慧，被自己的一时语塞堵得脸红起来。那光景，真是可爱极了。

恋爱会让女人暂时失去对自己的控制，准确来说，是部分控制。这恐怕会让绝大部分女人都为之着迷。情绪时时都处于高涨和即将高涨中，内心充满着跃跃欲试的期待和渴望，小心甚至有些神经质地将自己维持在自认为的“最好”状态中，分外地留意他人对自己的看法；而与恋人相处的时光，即使平平淡淡什么也不做，空气中也充满着最宜人的芳香，心跳随着对方的眼神、言语、举止，甚至呼吸而不停地变化节奏，胸口满涨得几乎无法呼吸——女人喜欢这样的状态，尤其在摆脱了少女时代的盲目冲动和患得患失之后，更能够体会到这种感觉给自己带来的魔法一般的甜美的变化。

既然如此，巴黎女人又怎会拒绝爱情的召唤？对她们来说，严肃的办公场合也好，闲雅的社交场合也罢，也无论是安静的图书馆还是喧闹的街市，总之，人生处处都是爱情的发生地。我曾惊讶于大学时一个法国留学生朋友在短期内交往了数个男朋友的事实，然而真正来到巴黎后才知道，这对于巴黎女人来说，实在是不足为奇的：当我们的学校和家长正在对早恋严防死守时，巴黎的姑娘们已经在积极地交流着对各自男友的看法，而巴黎妈妈们，尽管会对女儿的男朋友指手画脚，却并不会反对年轻人“春天的邂逅”。爱情是人生的华美乐章，这可是每个巴黎女人都懂得的道理。在找到自己真正的伴侣之前，她们可是很乐于多多地享受爱情的。

甚至这也不仅仅是未婚人士的事。这么说当然不是指婚后还有不忠诚的行为之类的，而是说，即使步入婚姻，两人也仍然要维持恋爱般的关系。对我的拉丁舞老师来说，婚姻从不会让她停止收到丈夫的礼物，或是让她放弃在假日的时候精心设计好的旅游路线，一面让孩子充分地享受游览的乐趣，一面“忙里偷闲”地和丈夫共度美好的二人时光。对于巴黎女人来说，爱情，以及和爱情相关的甜蜜、浪漫、愉悦、紧张，始终都是生活里重要的一部分。

有一次我在医院里遇见了一位不慎从楼梯上摔下来的老太太，她躺在病床上，精神委顿，对护士的问话总是礼貌而冷淡。当她刚刚回国的丈夫赶来后，她仍然摆着一副别扭的神情，不肯好好回答问题，也不肯按照护士的要求服药。

“你到底要怎么样呢？”，她丈夫有些着急起来。

她有些嗔怪地看了对方一眼：“我需要的，就是你的一个吻而已。”此言一出，周围的人都轻轻叫起来，她的丈夫不好意思地笑了一下，轻柔而深情地吻了她。

谁说婚姻是爱情的坟墓呢？

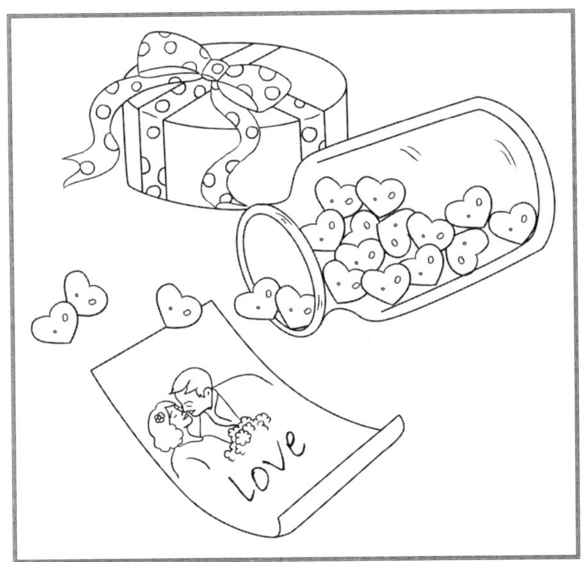

巴黎女人擅长从人和人的交往中发掘快乐，自然也绝不会放弃谈一场美妙的恋爱这样能让女人感受到万般甜蜜的事情。

⁘ 生活怎能缺少鲜花的点缀 ⁘

巴黎被称为花都，这是世人皆知的。的确，这个城市热爱鲜花，无论在任何季节，也无论身处城市的何处，都能看到五颜六色各种应季的鲜花被装点在各处。

我喜欢走到很多行人稀少的小巷子里，踩着凹凸不平的石板路抬头仰望街道两旁展露着小小窗口的民居——在国内的时候，每当我如此踏入小巷仰望民居，看到最多的是晾晒得密密麻麻的衣物，或者是一盆盆或灰或绿的盆栽，拥挤着中国人日常的民生或是在狭窄的空间里点缀着国人精神的灵性，但在巴黎，这番景色却是不同的。大簇大簇的鲜花，红的，黄的，白的，紫的，五颜六色，常常把绿叶也挤到了角落里。有的人家并不对花朵进行过多的修饰，任由它们开得张扬绚烂，在阳光下恣意得格外精彩；有的人家却总会小心翼翼地将花朵的姿态修饰到最好，让它们整整齐齐地、和谐地竞相绽放。

当我第一次决定接受朋友的邀请去参加她的周末派对时，我就决定买上一束鲜花作为礼物。我知道巴黎人喜欢看到一束鲜活而姿态优雅的鲜花成为她们家中新的装饰品。果然当我捧着那束尚沾着水珠的百合站在她面前的时候，她对那束花满意极了。我在心里窃喜，挑选百合只不过是一种最保守的选择，法国人对百合的热爱应该从很早的时候就开始了。我庆幸自己挑选了这样一束代表着“尊敬和喜爱”的花。

事后我才知道，其实朋友最喜欢的是郁金香。我并没有在她的露台上看到它，但在她的客厅里，一只月白色的高颈大瓶里盛着盛放的红色郁金香。我还从她的丈夫那里听说了一件有趣的事：“那一年她过生日的时候——你知道她的生日在秋天，通常来讲那并不是郁金香出现的好时节，不过现代技术能够让人一年四季都能看到它们，真是神奇极了——于是朋友们不约而同地送了她一大堆郁金香。那可真是五颜六色，深红的、酒红的、桃红的、橙色的、亮黄的、蓝紫的……一大堆，家里都塞不下了，看起来简直像是个郁金香王国。真想让你也看看那时候的盛况。”

我的确很想见见那样一番场景。不过我始终只能是“叶公好龙”罢了，尽管欣赏鲜花的美丽，但要我每天精心伺候这些娇嫩的植物，那简直要了我的命了。但我的朋友们却把这种照料作为生活中难得的乐趣。**每当我坐在朋友绽满鲜花的露台上，和她们一起享受花香中咖啡的香醇或是奶茶的柔滑时，心里总会充满无上的愉悦。的确，没有什么能比鲜花更能给人“生活美好”的直观感受了。**但她们的评价却远不止如此：“屋子里要是没有鲜花那会怎样？无法想象，那会像是没有阳光到达的地窖一样失去了生气。想想看，它们从那么柔弱的根部吸取营养，看起来又好像对生活毫无抵抗力，但是却能开出这么打动人的花朵来——你不觉得，这实在是一种无法言喻的神迹么？”

我无法形容当我听完这段话时心里的感受。看来，从花草中去寻找感动，寻找人类的灵魂和精神果然是世人共通的行为，巴黎女人对花的热爱与中国文人对花草的挚爱是一脉相承的：当她们每天起床，花费无数的时间来精心装扮自己；当她们在遇到每一个人的时候，脸上绽放出温暖的微笑；当她们游走于城市的脉络中，追寻心中的美丽；当她们踟蹰于镜前，犹豫着应当用怎样的方式来让自己光彩夺目；当她们三三两两地相聚，成为装点城市的时尚——巴黎女人爱花，或许，也是爱自己。

无论如何，她们如同鲜花一般点缀着这个古老而繁华的城市。如果你要来拜访你的巴黎朋友，可千万别忘了带上一束美丽的鲜花。

法国人送花需知

Tips

法国人探亲访友，应约赴会，总要带上一束美丽的鲜花，以表示祝福与谢意。然而送花颇有讲究，送的对象，花的数量、种类以及颜色都有具体的象征意义，一般要注意以下几点：

1. 送花前要数数花枝数目，要成单不成双，成双会招致厄运。

2. 切忌送菊花。菊花在任何欧洲国家，都只用于万圣节和葬礼，表示对死者的哀悼。

3. 法国人视康乃馨为不祥的花朵，认为石竹花会带来灾难。

4. 不宜送黄色的花，在法国黄色的花象征夫妻间不忠贞。

5. 法国人给每一种花都赋予了一定的含义，所以选送花时要格外小心：玫瑰表示爱情，郁金香表示爱慕之情，报春花表示初恋，水仙花表示冷酷无情，金盏花表示悲伤，雏菊表示我只想见到你，百合表示尊敬，大丽花表示感激，白茶花表示你轻视我的爱情，红茶花表示我觉得你最美丽。玫瑰是为情人准备的，绝不能送给已婚女子。

高雅但不孤傲

法国人的英语普遍不好，巴黎女人也一样。这在当下英语统治全球的时代显得那么另类。其实说不好英语的地方大有所在，而法国人坚持的是，他们并不乐意学英语，因为法语才是“世界上最优美的语言”！他们很不愿意在那些游客聚集的地方竖立英语标牌，尽管这可以极大地服务于全世界的游览者，但他们却认为：既然要到法国来旅游，那么学会一些基本的法语就是游客的责任!

这一点被当作法国人傲慢的最大典型。但事实上情况并不完全如此。当我把这件事说给我的朋友们听时，她们都笑了起来。没错，她们希望来此的游客能够多学习法语，也的确在心里把法语放在更高的地位（这和中国人钟爱汉语是一样的道理），但要说如此偏执的坚持，却实在是很难做出来的。

“优雅的人不应该强迫别人做任何事。”我的朋友说。对这样的说法我无比赞同，如同千百年前，孔老夫子的那一句“己所不欲，勿施于人”。真正的（强调）巴黎女人，并不愿意把自己放在那样一个偏执而尖锐的立场上。

她们热爱法国，所以格外推崇自身的文化；她们钟爱个性，所以尤其抗拒“普遍的潮流”给自己带来的冲击。举个例子来说，她们中很少有美国 hip-hop 音乐的爱好者，却对非洲的部落鼓乐格外倾情。我的一位朋友甚至特地从非洲购回了一整套原生态的手工套鼓，并沉迷于那种简单而深邃的节奏之美。

再回到语言这个例子中来，最近在我的朋友圈子里兴起了一股学习中文的热潮：这当然是在我的影响下！她们热爱古老的中国文化，对于精美的瓷器、丝织品、茶具，还有神奇的中国功夫和神秘的中医都非常感兴趣。如果要说这只不过是外国人对于中国悠久的历史的向往的话，那我得说，让我觉得很惬意的一件事是，她们并不像我之前想象的那样，在自己媒体的宣传下对现代中国抱有保守而顽固的批判态度，而是积极地向我询问各种发展的近况，并且用心地摸索中国文化的核心。借用朋友的话来说，那就是“我得看看现在的中国，得了解今天的人们的心态，这才是活动中的真实的中国”。这种态度让我非常感动——并不在于我希望得到别人的理解，而是她们让我看到了真实的人与人交流之时，那种包容与理解所产生的美妙之处。

我一定得再说一些关于英语的事，那就是，在我所认识和结交的这些朋友中，其实大部分都有很高的英语水准，尽管她们在口语上实在能力不佳。她们的英语发音带着古怪的法国口音，但在阅读和使用英语上她们可一点都不像别人想象的那样低能。她们阅读莎士比亚和弥尔顿，也读亚当・斯密和艾林・格林斯潘，还读 J.K. 罗琳和丹・布朗。谁说法国人抗拒英语世界呢?

其实很多时候，人们想象的巴黎女人总是风姿秀逸地行走于街头(而且踩着模特般的“猫步”)，或者在社交场合里要么孤高冷漠地矜持，要么长袖善舞地逢迎，再不就是总在咖啡馆、小酒吧里恣意于自我的世界中——对，巴黎女人是这样的。但我在巴黎常常看到的，却是她们三三两两聚集在公园的僻静处或是广场的灯柱下，聊聊天或者膝头放着一本厚厚的图书，当你偶然从她们旁边走过时抬头给你一个可爱的微笑，有时也会随性地攀谈两句。我也会看到那些沉醉于艺术世界的姑娘们，帅气地或者酷酷地抱着画板仔细描画，仿佛不可亲近；但若你和她攀谈几句关于奶酪或者迪斯尼的话题，她也绝对不会表现出厌烦或者冷漠。

巴黎女人总是这个样子：**她们仿佛一扇微启的门，不明所以的远观者总以为她们关闭着这扇交流之门而固守于自己的习惯和个性当中，然而走近了才会知道，她们有一点矜持，有一点敏感，甚至有一点害羞，但却从来不会关上自己的心门——轻轻推一推，门外面恰是她们心灵驰骋的广袤天地。**

不做小女人

似乎每个女人都热衷于畅谈对于未来的规划，我当然也一样，在一次聊天时我说道，我其实很期待做一个家庭妇女，找到一个好男人，嫁给他，然后安心地在家里做贤妻良母，相夫教子，不过这样的想法在我的大学同学里遭到了普遍的讨伐。

我的巴黎朋友对此感到不解，因为她们认为这是女人婚后生活中很容易出现的一种状况。于是我解释说，在中国的传统观念里，贤妻良母往往代表着女人放弃了自己的独立自主权，完全依附于男人生活，这对自己是相当不利的。因此作为当代独立自主的女性，我的同学们才对此表示反对。

听完解释的朋友们纷纷点头，并且立即开始了七嘴八舌的对我不能做这种丧失独立自主权的家庭妇女的教育。即使我频频点头表示自己绝对会把握好分寸、绝对不会变成依附于别人而生存的女人，她们也仍然没有停止发表自己的见解。我理解她们如此的积极。对巴黎女人来说，坚持自己的个性和自由总是最重要的，以我某个朋友的朋友来说，即使在家做全职太太，也一定要丈夫向自己支付薪酬（每月 2800 欧元，当然她的收入并不限于此，她还是某个专卖店的兼职设计师），然后夫妻两人再根据各自的收入对家庭支出进行统一的规划。**即使全身投入家庭，巴黎女人一样坚持自己是在创造家庭生活，这种带有“创造力”的工作仍然让她们感到自豪并愿意为之付出巨大的努力。**

她们对自己的利益是很在意的。但是从另一方面来说，如果这种在意被做到斤斤计较的地步，那同样会招来她们的不屑。实际上要能把握住这个平衡是不太容易的，而我周围很多朋友也说，现在的巴黎女人也开始不再似以前那么有风度，一不留意就会做得过火。也许这也是如今经济形势的影响，使得很多人对于自己的切身利益更为在意，有一次我便听到了某个女人在我楼下附近的面包店里和店老板争执，起因就在于店家提高了面包的价格（每个长棍面包提高了 0.15 欧元），但忘记了修改墙上的价格牌，以至于这个女人在付费时遭到了店员的诘问。尽管店员马上致歉，但感到受了侮辱的女人还是立刻为自己据理力争。两人争吵的声音引起了街上好些人的注意。

“说实话，雅克这样做是不对的。”当时正巧站在我旁边的隔壁家夫人轻声跟我说，“但如果我是这位夫人，就绝不会跟他发生这样的争吵。在大街上！哦，还仅仅是为了 0.3 欧元！”她这么说的确很有道理，因为我们马上就看到，那个女人刚刚离开面包店，就又有一位女士进门了。当时店员们还在对先前的争执嘀嘀咕咕，尚未来得及更改价格牌，于是这位女士付费时也遭遇了同样的问题。在那个瘦瘦高高的大男孩店员对她进行完解释后，那位女士先是一愣，然后马上补足金额，笑着说：“你们这样做可真是不好。好吧，如果你愿意给我几块小饼干来作为补偿，那么我很愿意原谅你的失误给我带来的这点小麻烦。”在说到“小麻烦”的时候，她的脸上绽开了灿烂的微笑。于是店员也笑了，有点不好意思地一边说着抱歉之类的话，一边还真的来了几块小饼干，并用漂亮的小包装袋包起来，递给那位女士——风波终究没有再度掀起。

我佩服那位女士的智慧，但更让人感到难忘的还是她的风度。事实上，大多数巴黎女人也的确如她那样，并不会计较太多的小问题。她们讨厌那种锱铢必较的行为，也不喜欢挤在一起唧唧喳喳地碎八卦——这又是一个难以看清界限的问题。巴黎女人喜欢凑在一起聊天，也很喜欢对各种人和事情发表自己的见解，但却对婆婆妈妈地大讲家长里短感到反感。比方说，她们喜欢讨论明星的发型和服饰，讨论他们在某部作品里的表现，但是对明星间的绯闻和私事并不感兴趣。（我曾故意在朋友间聊起电影的时候将话题转向明星间的八卦，于是顺利地看到她们迅速露出茫然又萧索的表情来，很有趣。）还有一种类似的表现是，她们会热心于为自己购买真正有价值的衣物和饰品，却不太热心去淘弄那些廉价而花哨的装饰。我的朋友对此的解释是：“啊，那些东西就像小女孩的呱啦呱啦叫一样，虽然也有价值，但是并不能真正地成为女人魅力的一部分。所以，把时间和精力花在那上头其实是一种浪费。”

总的来泥，**在对于个人的个性和自由、对美的表达和对生活的享受等方面，她们精益求精，毫不畏惧毫不懈怠地耗费大把的时间、金钱和精力，但却也愿意以一种大而化之的态度来抛却很多生活的麻烦，减少摩擦。“宽容一点，大度一点，把更多的时间和精力拿来追求自己喜欢的东西。”**

正是这样的生活态度，让我极为赞赏。

衣服是用来适应场合的

Tips

虽然巴黎是时装之都，但时装并没有得到巴黎女人更多的青睐，她们始终认为，一定要在相应的场合穿相应的衣服。她们平时的穿着既简单又随意，一件棉麻衬衫加一条同样材质的长裙，仅此而已。她们极少穿名贵的衣服上街，即使是有钱人也一样。只有赴宴或参加 PARTY 的时候，才会盛装出席。这就是巴黎女人雷打不动的穿衣原则，所以每个巴黎女人的衣橱里都备有两套礼服。

巴黎女人的穿衣原则也体现在日常生活的细节里。每天早晨巴黎女人都会穿最舒服最能展现个性的衣服出门，到了公司就换成职业装，下班去赴宴或约会前，再换上漂亮的礼服。所以巴黎人的办公室里总少不了一件东西——衣柜，里面通常有几套适合不同场合的衣服以备更换。

微笑，巴黎女人从来不吝啬

刚来巴黎的时候，我得说，有很长一段时间里我都沉浸在一种不太明朗的情绪中。尽管有相熟的朋友作为生活和学习的依靠，但我仍然无法感受到那种“踏入新天地”的意气风发，相反，我很紧张。新环境里的刺激让我这个没怎么离过家的人感到不适应和伤感。周围的一切明亮而灿烂，但远离了故乡温暖的家里我熟悉的灯火，这种感觉让我备感孤独和无助。而改变我这种状态的，就是一枝花和一个微笑。

我始终记得那一天。

那一天我满怀着百无聊赖的心情跑去了香榭丽舍大街，独自一人漫步于人来人往的街头，想借助这世上最负盛名的流光溢彩之地让自己雀跃起来。然而周围游人们的兴致盎然更让我情绪低落。我漫无目的地沿着大街一路往前，当我走到亚历山大三世桥的时候，天色渐晚，阴云密布，那一刻我感到自己沮丧到了极点。就在这时，有人递给我一枝花，并对我说：“请收下吧，亲爱的女士。”

我抬起头看见一位身穿白衬衫和碎花裙的棕发姑娘正对我露出甜美的笑容，脸上的雀斑在暗淡的天色下若隐若现，手里拿着一枝尚未完全绽放的玫瑰。我不知道她有何用意。

“请收下吧，亲爱的女士。”她又对我说了一遍，没有任何要求，不是要我购买也不是向我寻求捐赠。她的微笑像融化的黄油一样让人感到一种软绵绵的舒适，那双看向我的眼睛里有一种澄净而叫人愉悦的明亮。我略微迟疑，但还是对她笑了一下，接过了她递来的花。于是笑容在她脸上绽放得更欢快了。“愿你快乐。”她说。

女孩的微笑让我感受到了莫大的安慰。在这个远离亲人的城市里，在这样阴霾无光的天色下，这样的微笑对我来说无异于从天而降的宝藏。我不由得也下意识地嘴角微翘，笑了起来。回过头，那个抱着花束站在桥头的姑娘正一边挽起被风吹乱的头发，一边继续向路人递送出她的微笑——尽管那时我已不能看清她的表情，但我相信她一定是笑着的。

也许我只是遇上了一次偶然的街头善行，但在之后的时间里我逐渐发现，对于巴黎女人来说，微笑实在是一种常态。她们经常都在笑，这种笑不会像美国人那样单纯而开朗，不会像南欧人那样活泼而豪爽，而是一种常常会沁人心脾的微笑。**巴黎女人善于把这种安静的微笑挂在嘴边，无论她们是在工作、在购物、在聚会、在闲聊还是在干别的什么，也无论她们是和恋人在一起，还是和朋友在一起，或者是独处时。微笑总带给她们无穷的魅力。**

有一次从布兰维尔街走过的时候，走在我斜前方的一位穿着灰色大衣的男士突然撞到了街边的墙角上，他的同伴在他身边哈哈大笑起来。从他们身旁走过的时候我听到了那位同伴断断续续的嘲笑——在路旁的咖啡厅里有一位女士正独坐着看书，正当他们走过她座位前的玻璃时，那位女士突然抬起头来看着远方，脸上露出了若有所思的迷人微笑，而这位可怜的男士便是被这微笑所俘获，竟忘记了注意前方的道路。

这还真是应了曾听过的那句话：“永远都不要停止微笑，即使在你难过的时候，说不定有人会因为你的笑容而爱上你。”

微笑能给人以温暖，不但给别人，而且给自己；微笑能让心情更愉悦，让心灵更容易感受到周围世界的美好之处；不仅仅在愉悦的时候应当微笑，在陷入悲伤或困苦的时候，人更应当微笑，因为微笑将给自己力量，让自己重新振作——这些道理人人都懂，但懂却不代表善于使用，现代社会的巨大压力总能轻易地让人满面愁苦。在这一点上，巴黎女人可谓是绝对优秀的实践者。

我从那位姑娘的微笑里才真正开始享受巴黎，在此后更多的岁月里，朋友们——还包括更多陌生的人——的微笑让我感受到了更多的快乐，也同样体会到了微笑在悲痛中给人带来的莫大的力量。如果要问我究竟是因为什么而喜欢上这个城市的，我得说，那是从一个微笑开始的。（笑）

Chapter 6　优雅的气质来自优雅的心态

宽容别人就是善待自己

你永远不能想象一个巴黎女人真正横眉冷对的样子。当然她们也会生气，也会愤怒，也会歇斯底里大喊大叫，但是一转身，歪歪头，扁扁嘴，嘴角一挑：“好了，别说这个了。”她们如是说。

从狭隘的角度来讲，愤怒与抑郁是美丽的大敌，聪明的巴黎女人自会牢记在心，绝对不会犯此大忌。她们当然懂得，斤斤计较和心胸狭隘的人永远无法找到美丽的真义，那样做只会让人从心灵到面容都变得丑陋。反过来讲，想开点，别把太多事放在心上，倒是她们一贯的选择——这和细心与否、敏感与否无关，而是一种放下所有小脾性之后的生活态度。小脾性是生活的调剂，而态度，才是本质性的刻在性情深处的印记。

不知从哪里得来的印象，我曾经以为巴黎女人都是很神经质又小心眼的。艺术之都嘛，和艺术沾边的人，某种程度上都是神经质又小心眼的，说得好听点可以叫敏感而细腻。巴黎女人也该是这样，她们是居住在这座散发着古典人文气质的城市里的精灵，凭借周身伸展着的无数敏锐而感性的触角，以一种细腻而微妙的方式感知着世界，并常常为着心灵上的烦恼（尤其是爱情）而心思忧虑，甚或黯然神伤。

而实际上呢，这样的想象早就跌碎在楼下面包店的老板娘持久不变的宽厚而体贴的笑容里，跌碎在街角那个刚刚和男朋友大吵了一架后转身离去的褐发女郎旋而止步的身影里，跌碎在路边牵着一只毛皮发灰的狗欣赏街头歌手的吟唱的老太太悠然而赞许的眼神里了。巴黎女人神经质又小心眼，是男人需要殷勤服帖又小心翼翼的长着刺儿的玫瑰花，可另一面，她们大大咧咧又心怀宽广。花儿一季季地开，日子总是鲜活美丽的，恰如爱情，美好的邂逅总是无处不在。

所以，怎么会有人那么跟自己过不去，非要把一时的不开心持久地放在心上呢？

一束艳丽的玫瑰花，一杯香浓温热的咖啡，一块醇香柔滑的巧克力，一首曲调优美而深情的情歌，一场浪漫而不乏小乐趣的约会——许许多多的小点子都能让前一秒还在生气抱怨喋喋不休的巴黎女人重新挂上她们的笑颜。很简单是吧？没错，讨好巴黎女人就是这么简单。但一定要铭记在心的是，真正起效用的并非你那些也许出于真心但也许虚假的小花招，而是她们自己的心。是她们自己的心在说：好了，就这样吧，何必自找烦恼呢。

或许这就是某些人所谓的巴黎女人的漫不经心；她们在很多时候是善于遗忘和原谅的，即使明知是自欺欺人，那也不妨“欺”着让自己多快乐一点。如果你实在难以想象，那么回忆一下《蓝》里面那个忧郁而宽容的女人吧：她甚至能原谅丈夫的外遇，并把自己的房子送给丈夫的情人。当然你可以说这只不过是艺术的夸张，又或者，电影的表现只是生活中的个例——你说得对，但是又不那么对——不是每个人都会原谅这样的事情，但每一个巴黎女人都会同样地心怀宽容，因为：**“宽容一点，不是让做错了事的人免遭惩罚，而是把自己从愤怒或者哀怨**

的囚牢里解放出来；那是对自己好，女人应该对自己好。”这位巴黎姑娘说得真不错。

她们就恰如身边的塞纳河，一边流淌着一边沉淀泥沙，最终只浮出一片美丽的涟漪。她们长得并不是最漂亮的，身材也并不是最好的，却精通这世上最神奇的美丽之术；她们深知生活里的万般琐碎和烦恼，爱情也并不如童话般永远灿烂，却依旧能塑造如同艺术般优雅而迷人的生活——世界上有几个女人能如刚刚走过去的那个穿着深蓝色外套的女子一般，一面冲着在她外套上溅了泥点的卡车大喊了两句，一面又和女伴嬉笑着，拿出口红沿着泥点在衣服上画出新奇的花纹？真该感谢这场午后的急雨了。

想想吧，在全世界最广为人知的一句法语，不是 Bonjour（你好），也不是 Merci(谢谢），而是 C'est la vie(**这就是生活**）。

宽容的法国人

Tips

法国人对私生活，尤其是男女关系非常宽容。因为他们有着不干涉他人私生活的社会文化。《法国民法典》第九条规定：“任何人有权使其个人生活不受侵犯。”根据法国法律，即使父母没有婚姻关系，孩子同样能享有一样的福利。因为减税的优惠程度与是否结婚无关，而是子女越多减税越多。所以在他们看来，婚姻不是必需的。

而且，他们认为把恋爱、结婚和工作能力挂钩是不理性的。他们对于政界人士的绯闻也非常宽容。虽然他们也会议论，但不会把它上升到人品、能力的高度。例如，法国现任总统萨科齐在担任总统时宣布离婚，又经过一段“轰轰烈烈”的恋爱后选择再婚。对此，90%的法国人的看法是“私人问题，无所谓，不会因为离婚和恋爱问题改变对总统的评价”。另外，法国司法部长拉希达－达蒂未婚生女，她也没有公开孩子父亲的身份。这在其他国家都是不可想象的。

自由成就优雅女人

西蒙·波伏娃说："我们不是生为女人，而是要做女人。"

那好，什么是女人？穿靓衣、扮靓装那是当然的，女人嘛，活该时时刻刻光鲜亮丽，即使做不了最漂亮的那一个，也一定会是最美丽、最耐看的那一个。除此之外呢？

学识、修养、谈吐、举止。没错，这些也统统都要。美好的女人不该是花枝招展但大脑空空的花瓶，多往大脑里装点东西，多注意注意日常的举手投足，这样的女人不但更能愉悦自己，恐怕也更是男人难忘的"女人香"。那么，再除此之外呢？

大方的心，宽容的爱。对，这也很重要。别忘了如大海一般的宽广和包容是女人身上多难得的一份美丽，恰如中国人说"退一步海阔天空"。为内心寻得一份平静，也自然会为外表增添一份魅力。

那么，在这些之外呢？

我茫然不知。她一锤定音：自由。

自由引导人民。自由成就女人。

多辉煌的论调。全世界的人都向往自由，全世界的人都追求自由，但或许法国人、巴黎人、巴黎女人更甚。一瞬间想起法国大革命，在一场场战火和纷杂的背后，是巴黎人对“自由”这个字眼淋漓尽致、近乎苛刻的追求。别忘了法国是第一个把“自由”的象征画上自己国旗的国家，别忘了在号称是最自由的国度的美国，它们的国民象征自由女神像是法国人赠送的礼物。

真是一个革命性的字眼。

我知道她何以对这个词如此的执着。她刚刚经历过和男友的一场争吵，起因竟是男友一场浪漫的求婚——没办法，她喜欢爱情，却不愿踏入婚姻。她喜欢两个人的相处，却更眷恋属于自己的空间属于自己的时间属于自己的色彩、性情和爱好，任何对个人的自由的威胁，都让她无法容忍，而决定抱着坚决的态度来予以反对。

当然我也知道这并不能说明她对婚姻心怀恐惧，如果哪一天她决定成立一个家庭，也必定会将之经营得很好。如同她的两个姐姐，让婚姻成为一场永恒的恋爱。她们用那么精巧的心思堆积出了自己新的城堡，用一切的手段保证自己心意的自由流淌，终究还是要在生活的舞台上尽展属于自我的个人魅力。

说到底，巴黎女人对自由的捍卫，只源自她们对自我天性的彻头彻尾的释放。

她们不爱打伞，喜欢在细雨里如同水中的鱼儿一般袅娜游走；她们说得清一切名牌的来历和色彩的哲学，却从不会讲任何打扮的经验：因为这份美丽是属于个人的，只有能体现个性，能完整地表达自身的韵味的妆容才是真正的经典；她们热爱美食，精通烹饪，这本事却绝不是来源于任何一本现有的烹饪教材，而是凭着她们那拥有着千奇百怪念头的脑子，思维任意而纵横的搭配而尝试出来的——巴黎女人永远不会停歇，在这场追求自由的道路上，因为她们深信，自由是一切美好的源头。如果失去了自由，她们终将一无所有，一切关于爱情或者美丽的想象，都会成为枯死在人生舞台上的明日黄花。

所以她们必须战斗。一边妖娆着一边战斗。为一切可争取的自由战斗：为爱情、为理想、为事业、为兴趣……甚至只为如何使用新买的手袋。

看看西蒙·波伏娃的那句话吧，那本身就是一份女人的战斗宣言。再引述一遍：“我们不是生为女人，而是要做女人。”看，连是否要“做女人”，都源自自身的取舍，而非上天的给予。是自由的心灵让她们将自己装扮成了世上最迷人的女人，而非其他，连上帝亦不是。

或许我们应该为这份为自由的革命献上我们的敬意——没有自由，便没有巴黎女人，也就没有如此时尚、浪漫又充满着艺术情调的巴黎。

西蒙·波伏娃

Tips

她是全世界独一无二的女人，她是哲学家、作家和现代女性主义理论奠基人，她的代表作被认为是女权运动的圣经，她的名字被用在了塞纳河上的第37座桥上——她就是西蒙·波伏娃。

波伏娃的《第二性》被认为是女权运动的圣经。她在书中第一次引发人们去思考，整个社会是如何将女性“塑造”成依附男性的弱者。她甚至不惜将自己的经历毫不掩饰地奉献出来，为此招致最恶毒的谩骂和攻击。尽管波伏娃对女性自由的追求成为一些人的攻击目标，但她坚持认为，妇女真正的解放必须获得自由选择生育的权利，并向中性化过渡。她指出，女人作为妻子和母亲的命运，是男性强安在她们头上，用来限制她们的自由的。这本书在当时被梵蒂冈列为禁书，连加缪都无法容忍此书，但女权主义者则奉为至宝。

巴黎女人的生命坐标

沿着塞纳河左岸往前走，在距莎士比亚书店约200米的地方，每个周五都会有个留着深棕色短鬈发、喜欢戴个大大的蓝框眼镜的女孩在摆地摊。出售的商品是画作，她的，还有她的伙伴们的，内容大多是名家名作的模仿品，偶尔有一些版画或者漫画。女孩随身带一只用得旧了、洗得发白的布包，常常在没有顾客的时候从里面翻出一本小书来读，倘若有人过来看她摆的画，就懒洋洋地从大得过分的镜框后抬起眼来一瞥，然后才粲然一笑，机灵地顺势推销一番。

和她相识是因为喜欢她的笔法，模仿的古典油画极为细腻。虽然实际上并不真懂什么艺术，却也不免被她的笔调所感染。据她的同伴说，这已经吸引了好些画商来找她，专要她模拟些古画来卖，出价甚高。不过她本人却对此并不感兴趣。她所好的是所谓具有深意的抽象主义，画这些不过是为了维持日常的生计——“好让她一边啃着面包，一边构思她的大作！”说着这话的大男孩夸张地叫起来，一旁的女孩则是一脸严肃。

我想商业和艺术并不矛盾，很多时候。金钱的积累能让人享受更多自由的时间，也能获取到更多启蒙灵感的机会。但女孩说：“有必要吗？”她耸耸肩，一脸艺术家的大无畏。她能养活自己，这就够了，剩下的，她打算全部奉献于她的艺术。

当然她也会像一般的姑娘那样细心地打扮自己，享受美食、爱情和快乐，这些对巴黎女人来说绝不会抛弃的东西，在她身上也一样不少。这就难怪当我向她表达对她的艺术热忱的敬仰时她会觉得那么诧异。在她看来，她所做的和巴黎其他的女人做的并没有任何差别：善待自己、享受生活、寻找爱情，以及经营事业。她扳着手指一样一样地把这四点排列出来，仿佛它们就是她生命的坐标。

金钱也许是帮她连接这些坐标的线，却永远不会成为她的坐标。

如果这还只算是醉心于艺术的小姑娘的迷思的话，那么，住在我两个街区外的那个单身母亲的想法会更贴近于普通的生活。她住普通的公寓，开着家小小的花店，带着两个孩子过活。每天她早早地起床，做好早饭，送孩子上学，然后打扫店面，营业。来往的顾客通常都是附近的邻居，彼此熟悉，在拿走花束时会愉快地聊几句家常。到了下午她会去接小女儿回家，至于大儿子——她更愿意让他享受搭乘地铁和走路的乐趣。

非常非常普通的生活方式，但却充满快乐。我曾相当羡慕她这种简朴但又丰盈的生活方式，但同和她住同栋大楼的人交谈的结果却令我相当吃惊。整栋公寓都是她的产业！不仅如此，她过世的丈夫还给她留下了大笔的遗产，总数几近上亿。这个认知让我大为惊叹，毕竟在现实的世界里我还从未接触过身家如此丰厚的人。于是我仔细地观察了她的生活——一切都很普通，没有丝毫奢华的痕迹。她的车很普通，她的衣着很普通，她的用品很普通。她每天快乐而忙碌地经营着自己的小花店和家庭，从未打算为了金钱而有任何改变。

这笔财产给她带来的唯一与众不同之处就在于，它能让她在孩子们放假的时候带他们去各处旅行。但她说，这并不是为了挥霍；只是觉得多长些见识，对孩子的成长有好处。

好吧，无论如何说，这到底也算金钱的妙用了。

巴黎充满着这样的女人。活得自信，活得开朗，活得快乐。曾经在没有来到这里之前，想象着生活在这个时尚之都的女人一定会多多少少崇拜金钱和物欲，无论这本是怎样一个充满艺术气息的城市。毕竟现今世界的物质力量有着无比巨大的吸引力。来了之后却发现，这种观念该好好地修正一下。**巴黎也有被金钱砸晕的女人，一定有，我相信。但是不迷信金钱的人却更多。无论贫穷还是富有，她们始终坚守自己的生活方式。毕竟，人生并不是仅仅靠金钱堆积起来的。**

拉丁区：巴黎女人的最爱

路上的石板已经不怎么平了，有的地方微微突起，有的地方残留着裂痕，仿佛特意刻画着某一天某一夜马车行过的痕迹。街道也并不宽敞，有时候不得不稍微给直摆到路面上来的花店的花让个小道。坐在咖啡店临窗的桌边的女人正一手托着腮，一手捻着书页，时而侧头读上几句，或者眯起眼睛看看窗外。街角的那家杂货铺前正站着两个客人，从铺面跟前走过的时候，穿着小碎花衬衫的老板娘抬起头来，眼角挑着一抹不作声的笑。

这里是拉丁区。巴黎，塞纳河左岸，大学林立之处，先贤祠的所在。巴黎女人的最爱。

不是货柜上琳琅满目的商场，不是一次只为一位客人服务的尽享尊贵的专卖店，不是人潮涌动的精美的博物馆。巴黎女人爱的是巴黎旧日的院墙下，五彩缤纷的花朵和水果被摆得活色生香；爱的是路边一架经历了几百年时光的老路灯旁，咖啡店里涌动的饮料和书页混杂的香味；爱的是越过卢森堡公园的丛丛树林，隐隐可见先贤祠白色的圆顶，仿佛有过往的贤士们庄严的声音，随着阳光四下播撒；爱的是每天走到那家从小时候起就一直光临的面包店，一边包上两根长棒子面包，一边跟老板话话家常。拉丁区里折叠着巴黎的过去和现在，如同巴黎女人，一边时尚得令世人侧目，一边又依旧故我地典雅着，仿佛留声机里流泻出的旧日歌谣。

来到巴黎以后第一次被法国朋友带去的地方就是拉丁区，从此一发不可收地爱上它。一开始我仍坚持应该先去拜访一下当地的名胜：比如供奉着法国历史上最为世人所熟知的伟人——雨果、卢梭、伏尔泰等等——的先贤祠，发自肺腑地表达一下对这些以思想或文笔、学术或科技影响过世界的伟人的景仰；比如建立于13世纪的巴黎大学，体会一下古典欧洲学府里那种庄重又浪漫、严肃又奔放的气息；比如如今做了法国参议院的卢森堡宫，看看它经历时空变幻之后的斑驳面容，感叹历史的演变世事的沧桑；比如巴黎现存的最古老的圣日耳曼德佩教堂，体验一下与圣母院全然不同的古朴风格，享受一下喧嚣尘世中难得的安详宁静——等等。我对拉丁区的想象，本就该是这样充满着厚重感的人文气息，在都市里保存着旧派的古典与圣洁，如同古书里泛黄的书页。

没想到听了我如此说的同伴竟抑制不住地大笑起来。她接连地摇头，以至于我相当好奇她接下来会有怎样的说辞。但她却什么也没说，只是将我拉进了一条斜斜的小街。路可真够窄的，张开双臂，两旁的商铺触手可及。沿路都是咖啡馆和餐厅，店门外摆着巴黎最常见也最受女孩子们喜欢的小圆咖啡桌。我们随意挑了个铺子用餐，味道好得绝不在名牌餐厅之下。吃完了午饭我们开始随意地溜达，穿过圣日耳曼大道，大略地看过了圣塞弗林教堂，又在教堂前的小广场上观赏了一阵男孩子们的滚轴“演出”，然后慢慢遛上了穆夫塔街。朋友告诉我，这里有巴黎最古老的露天集市，从很早的时候起就是聚集在这里的贫穷学子们的最爱。我们慢悠悠地从这些五彩缤纷的铺面前走过，看着提了布袋子的中年妇女在摆得纵横交错的水果、杂货、香料、花束之间从容地穿越，即使讨价还价也绝不会剑拔弩张，声调如同在水底涌动的水波一样，平稳地滚动着。

一路穿出来，擦着莎士比亚书店往塞纳河边走去。年轻人在时尚的小店里兴奋而忙碌地来往，两个拿大布包装了满满的书、坐在路边长椅上休息的姑娘一边窃窃私语一边偷眼看着对面正皱眉站在旧书摊前的某个男孩，那轻侧脑袋的样子像足了某个著名的法国明星。我因为扭头看着她们，竟一不小心撞到了身前 17 世纪的雕花窗沿。

我们终于在河边的草地上坐下来，躲在树荫下看着河水缓缓而过。坐在我不远处有一个瘦高的男孩正盘腿坐在一堆散放的书籍中，一边啃着面包一边在笔记本上奋笔疾书。朋友满怀兴味地看着他，一面在我耳边小声地讲起她以前看过的某本小说里写到过的，18 世纪时期那些从外省来到巴黎的充满着求学的热望和纤细的自卑的学子们。她说那个男孩的背影如何如何具有古典韵味，她说她最喜欢的是莫泊桑的短篇，她说她喜欢这么静静地在河边吹风。

我伸了个大大的懒腰在草地上躺下来，傍晚的霞光正轻柔地从树梢间滑过。还需要说什么呢，这就是巴黎，这就是拉丁区，这就是巴黎的女人。

不爱上拉丁区是不可能的。

你住哪个区

Tips

狭义的巴黎市只包括原巴黎城墙内的 20 个区，大巴黎地区还包括上塞纳省、瓦勒德马恩省和塞纳－圣但尼省。巴黎城区内，每个区的格调和社会层次是不一样的，1 到 7 区大都是富人区，其中 1 到 4 区内有举世闻名的卢浮宫、巴黎圣母院、蓬皮杜艺术中心等。第 5 区又称拉丁区，是巴黎的文化艺术气息最浓郁的地区，有先贤祠、索邦大学、法兰西学院以及很有特色的书店、露天咖啡馆等，知识分子聚集。著名的埃菲尔铁塔位于第 7 区，此区也是各国使馆、国家机构集中的地方。第 8 区是巴黎市区最热闹、游客最多的一个区，有鼎鼎大名的香榭丽舍大道、总统府爱丽舍宫及各大品牌的时装店、精品店、香水店，大街小巷尽是五星级宾馆、高级餐厅。第 13 区又称唐人街，是巴黎华人聚居谋生的地区。所以巴黎人初次见面，往往会问对方住哪个区，这不是一般的客套和寒暄，而是旁敲侧击问你的经济实力和社会地位。

꙰ 知性——女人的优雅必修课 ꙰

住在我楼上的那位夫人，在年过花甲后遭遇了丧子之痛。

她的儿子是个活泼而健壮的卡车司机，个子不高，有着南部人一般的小麦色皮肤和漂亮的棕色短发，为人非常热心又爽朗，常常坐在屋里也能听见他在楼梯间哈哈大笑的声音。整栋楼的人都喜欢他，但谁也没想到，就是这个可爱的家伙，不幸地出了车祸。

所有人都为这个消息感到悲伤，并对他的母亲致以无限的同情。老太太在得知这个消息后简直是不胜悲戚，她的哀痛如同夏季的潮水一般在她的周遭蔓延开来，把每个人的眼睛都染上了忧郁的蓝色。有时候，她会静静地坐在街区花园树荫下的长椅上，一坐就是一整天，遥望着斜前方的大路拐角处——以往在工作结束之后，她的儿子总是小跑着从那里出现，一边和熟识的姑娘们开着玩笑，或者冷不丁地钻进哪家街边小店。如今已是物是人非，变成老太太的身影长久地凝固在树荫下，这景象让过往来人全都忍不住叹息感慨。就连住在对面小屋里大家公认最没心没肺口无遮拦的老鞋匠，对此也摇头唏嘘，什么也说不出来了。

但我们却不能说老太太的悲伤是过分的。不，事实上，完全没有。在经历了最初一两天的消沉后，老太太重新过上了一如既往的生活。我们也时常碰见她穿着小碎花裙牵着那只名叫拉比的小狗去散步；相遇的时候，她总是亲切地微笑着和我们打招呼。尽管她的面容有些憔悴，笑意有些勉强，精神头看起来也不那么好，但她并没有让自己垮下去，也总是把自己收拾得整整齐齐、一丝不苟，丝毫没有散乱或颓败的痕迹——对刚买来的鲜花，她还是那么悉心地呵护着。当然这并不能算奇迹，但毫无疑问，她的这些举动让我们都得到了安慰。

每当我们看见她的笑容，心里也会在一片悲伤的海洋上泛起温暖的阳光来。

当我把她的情况告诉了来访的朋友后，朋友看着她远去的背影，称赞了一句："真是位知性的夫人。"

知性？一开始我对她选用的这个形容词稍微有些迷惑。在我的理解里，这个词该是为形容那些具备专业素养、有智慧有内涵的女性而诞生的（好吧，别和我讨论它的哲学意义），它在我心目中引起的典型形象，就是那些堆积在高级办公区的女性精英们，聪明睿智，谈吐不凡，言谈举止里都充满着让人可亲可敬的气质。我想说这和老太太是八竿子打不着的，但是幸好我没有这么说。因为只要稍微多想一想，就会觉得用这个词来形容，真是再恰当不过了。

什么是知性？**简单说来，知性就是比感性理性一点，比理性感性一点。这话听起来有点绕口，却是我听过的对"知性"最有趣的定义**。从某种程度上来说，要求女人达到"知性"大概和我们中国人要求君子做到"中庸"有类似的意思，总之就是言谈举止恰如其分。而要做到这一点，其中需要的修为还真不是一点两点。

但对于巴黎女人来说，要理解和做到这一点却是得天独厚的。

之前我一直有一个很大的疑问，那就是：在我东方人的眼睛里，西方世界的人单从外表上看来都是差不多的，就像欧美人普遍分不清中国人、日本人、韩国人、越南人一样，我也分不清北欧人、南欧人、西欧人、东欧人、北美人等等，更不要说去细究其国别了。但唯有法国女人是不同的——或者准确一点来说，是巴黎的女人。无论在哪里，也无论在怎样的环境中，我都能很好地将她们识别出来，唯一的一次错认发生在一位澳大利亚女士身上，不过她也在巴黎居住过长达十六年。

很匪夷所思吧？但又好像理所应当。巴黎女人是不同的，这样的概念或许在每个人的脑子里多少都有。这种独特的魅力既不是来自她们的外貌也不是来自所谓时尚之都的魅力，真要细究起来的话，或许就源自她们身上的“知性”气质。她们懂得什么时候该放浪潇洒什么时候该矜持委婉什么时候该咄咄逼人什么时候该小鸟依人，她们懂得自己是谁自己需要什么应该怎样来修饰和表达自己——我想，这种聪明的女人是最容易给人留下好印象，也最容易讨人喜欢的。巴黎这个城市，有那么多的艺术来成全巴黎女人的天马行空和浪漫情怀，却又用世界上最严谨的语言和那么多的先贤哲人来给她们的奔放划出适度的界限，或许这就是她们能够那么鹤立鸡群的原因吧。

无论如何，巴黎女人的这一点是真正值得学习的：学得知性，学得懂得在什么时候该如何适宜地表达。

给声音也穿上迷人的衣裳

记得以前上学的时候学过一篇课文，名字叫做《最后一课》，内容依稀记得是当普鲁士士兵即将攻入某个法国城市时，一位法国老师给学生们上了最后的一堂课。在课堂上，老师饱含着深情教学生们学习自己祖国的语言，并且告诉他们：法语是世界上最美丽的语言。

这篇课文给当时的我带来的，除了感动于其浓厚真挚的爱国热情外，就是强烈的不满和朦胧的向往了。不满是理所当然的，因为任何一个国家的人都会认为，自己的母语才是世界上最美的语言，而我身为中国人，自然会认为这世界上独一无二的方块字才蕴含着最丰富的美感。但那时候我已经开始阅读一些所谓的世界名著了，在那些作品里，会说法语总会被当作是上流社会的标志，无论是俄国人还是英国人，总会在他们的长篇大论里突然丢出一句法语来，以显示自己的格调高雅。于是我真的好奇了：这到底是怎样一种充满魅力的文字呢？当读起它的时候，是不是真的会有重重的优雅的气泡顺着唇齿流出，把我整个人包围起来？

直到我自己学习了法语，不，应该说，直到我真正来到了这个被法语所包围的环境中，我才意识到了它真正的魅力。法语是最美丽的语言吗？至今我仍然会把这“最美丽”的一票投给汉语。但是，当法语和巴黎女人结合在一起的时候，我却不得不说，这实在是种让人难以忘怀的奇迹般的结合。

法语有很浓重的鼻音，发音圆润饱满，不太字正腔圆。这样的声音总给人一种含糊感，好像清晨或者黄昏的时候，不甚明朗的阳光隔着薄薄的纱质窗帘透进屋里的感觉。**如果说汉语发音像钢琴的琴声，端正、干脆、优美而跳跃，那么法语的发音就像大提琴，婉转、沉静、柔软而缠绵。**或许这也是法国人倍加让人感觉浪漫的原因，而更加不难想象的一点是，这样的语言在女人身上会得到多么美的展现。我还记得最初对它最直观的印象，就来自大学时候认识的一个朋友，她是来自法国的女留学生，平常和我们交流的时候都用英文，而有一次在她宿舍里给她上课的时候（我兼职教她说中文）听到了她用法语打电话，那如泉水般咕噜而出的声音顿时把我吸引住了——那一瞬间，她的形象从我认识的无数来自各国的留学生中脱离出来，让我仿佛陡然置身于塞纳河边。我脑子里甚至迅速地勾勒出了她在河边的绿荫下闲闲而坐的样子，而背景则是巴黎那些色彩绚丽、雕刻精美的建筑——我不否认这实在是小说和电影给我带来的过分的想象，但毕竟是这样的声音给了我如此快乐的想象，使我从此更对它抱有了一层好感。

来到巴黎以后，我更加确认自己喜欢上了这种体验：坐在街头，静静地听着朋友们说话。有时候我甚至连她们在说些什么都没有注意到，而只是迷恋地倾听着这种咕咕而出的声响。巴黎女人说话总是不太大声，好像在喃喃自语，即使是在和别人交谈着也不会把音量放得很大，总让人误以为她在跟你讲着什么不愿意为别人所分享的“亲密耳语”，于是在不知不觉中就仿佛掉进了她所设下的一个“圈子”，一种亲密而贴心的感觉油然而生。更何况她们又是那么一种慵懒的女人，当她们微微拉长了音，当音节在她们的唇齿间打着滚儿将出未出时，即使是身为女人的我也不禁觉得一阵心痒。一直以来我始终坚持认为，女人也是有很多种做法的，不应该被几个固定的形容词，或者某种固定的存在方式限定住了，但每一次我放松地倾听着巴黎朋友们随意的聊天时，总还是会情不自禁地想，能做这样的女人，真是件让人心满意足的事情。

即使在不那么懒洋洋的时候她们也从不会把话说得很难听（单纯从听觉上考量）。就像她们绝不会穿不合适的衣服一样，真正的巴黎女人，即使在急火攻心或者怒气冲冲的时候，也懂得把声音压低一些，让语气平缓一些，绝不会让尖利刺耳的声音出自自己的嘴。“**就像出门得好好穿衣服一样，说话之前，也得好好给声音‘穿衣服’**。”曾经有位朋友这么告诉我，而她——以及我所见的这些纯粹的巴黎女子，也的确将这一点执行在自己的日常生活里。另一个朋友也说：“能把话说得好听的人，才能称为真正的淑女。”我想，也许这才是她们的声音听起来如此美妙动人的原因。和语言本身的发音体系没有丝毫的关联，因为任何一种语言都自有美丽之处；但是说话的人本身却能让语言在听觉上产生各种差异。把话说得好听其实也不是一件容易的事情，最起码它表示，说话人能在任何时刻、任何情景下都保持冷静和清醒，能控制自己，选择最适宜的用词和声调。**巴黎女人的浪漫和风情让她们的语言变得动人，而她们的自制与优雅，却让语言变得生动而感人**。

法国人的肢体语言

Tips

在法国，法语发音非常重要，如果你发音不准，法国人是不会和你说话的，显得非常冷淡，所以有必要了解一下他们的肢体语言。

法国人伸出大拇指表示“一”。同时伸出食指和拇指表示“二”。如果你单单伸出食指表示“一”的时候，法国人会很迷惑。

一个或多个手指在太阳穴周围画圈表示“那家伙脑子有问题”。

用拳头顶住鼻子并作出旋转的动作，表示“那家伙喝醉了”。

舔手指表示“美味”，可以指食物，也可以指街上的美女。

用右手将右眼的下眼睑往下拉，表示“我不相信”。

伸出下嘴唇，同时抬高眉毛和肩部，表示“不知道、不同意或不负责任”。

用手掠过前额，表示“我已经受够了”。

用手指背敲打右侧脸颊，像触摸胡须一样，表示“真无聊”。

ꞏ°母性为美丽加分°ꞏ

我住所附近有一个小小的公园，我很喜欢到那里去，在树荫下的长椅上坐着，看看书或者单纯地发呆。长椅旁隔着一小丛灌木就有一片草地，虽然不大，却也是很多人游乐的好去处，常常有人过来躺着晒太阳，或是与家人一起野餐。每隔两三天我总能看到一位年轻的母亲带着她的儿子过来嬉戏。小男孩大约两三岁，走得摇摇晃晃，经常干的一件事就是一边撅着屁股在草地上东抓一把西摸一下，一边咕噜着听不清的声音喃喃自语。而妈妈通常都放任他自由活动，自己坐在一旁看书或者打电话，只有在孩子向她扑过来的时候才关照他一下，给他一个大大的笑脸，询问他需要什么帮助。

就只是看着他们，我也常常能看几个钟头。多几次之后大家好歹算是混了个脸熟，于是偶尔地我也坐过去跟妈妈聊天，或是逗一逗小孩。她是一位布艺师，在离此不远的地方开着一家自己的设计店，还非常殷勤地邀请我过去参观——她说她那儿有位设计师，煮咖啡的水准绝对一流！尽管工作很忙，不过她还是每天都会抽时间带着儿子到户外走走，平常的时候就让他跟着自己待在店里——她专门给儿子开辟了一间小小的工作室，任他在里面创作自己的“作品”！工作室的牌子至今空着，等孩子有一天自己为之命名……

当她看向自己的儿子时，那样的眼神里绝对包含着世上最高贵的爱与温柔。

我相信所有的母亲都有如此的爱子之心，全世界哪里都一样，而巴黎女人自然也逃不过这一点。不，她们非但逃不过这一点，甚而更乐意用绝大的耐心和爱惜来珍藏这一份母爱。巴黎女人，在时尚、优雅、有个性、充满着迷人的魅力等社交赞语的背后，其实同世界上任何一个女人一样；她们并不是杂志上、电影里和小说中那种光鲜亮丽又优雅情懒的模板和呆板的范例，在她们的生活经历里，也同样有愤怒、抱怨、颓丧、放弃，同样有时光流逝容颜老去，同样有孕育、生子和教养，而正是这些潜藏在流光溢彩背后的平淡又日常的部分，成就了她们被称为世界上最迷人的女人的魅力。

成为母亲并不是一女人的全部，但如果失却母性，那一个女人就很难称其为一个女人。

我所见的朋友们——那些有孩子的朋友们，无不是对孩子倾注了巨大的爱心，尽管各人有自己不同的表达方式。有人愿意为了孩子付出自己大量的时间和精力，为孩子提供自己所能提供的最好的一切，为他们精巧地设计出一个被爱所包围，却又能够有自然的生长空间的环境，就像这位偶遇的开布店的女士；也有人看似对孩子放任不管，其实一切的操心和爱护都不言而喻。

比方楼下那个面包店老板的妻子。那实在是位非常“不典型”的巴黎女人，一头褐色的鬈发，围在宽厚的腰身上的围裙总是散发出一股糕点的甜香，大大咧咧的，遇到谁都大声地满脸笑意地打招呼——她不是那种我们会在杂志上看到的优雅的巴黎女人，但或者我要说，这才是真正的巴黎女人的样子——鲜活的、充满着生机的、对任何事物都充满着好奇的、对任何美丽的东西都会禁不住爆发出全心全意的赞美和爱护的女人。她可从来不会过问她家的皮埃尔又猴到哪里玩去了，也从不管他在外面弄得多脏才回家。

“哪怕他就把他那双脏手伸到面粉袋子里去又怎样呢，照我说，也就是损失一袋面粉的钱而已。”老雅克可实在不是个富裕的丈夫，但对她来说，孩子的冒险和成长都是绝对不能去多加干涉的事情。“我会鼓励他去做自己想做的事情的。天知道他会变成什么样，天知道！但我想，他自己清楚该有些什么规矩要照办，我只要给他做好面包，烧好汤，然后等在家里就行了。”她说着笑起来，眼睛被笑容挤得只剩下一点缝隙，鼻翼边的雀斑也更加明显了。可眼里闪过的那种母亲的光彩，却在那一瞬间，让我觉得她是世界上最美丽的女人。

古今中外，只要是女人，无论是怎样的性格，或是抱持着怎样的价值观，都总还是会表示出那样一份对成为母亲的渴望。有几个朋友是坚定的独身主义者，不过这倒并不妨碍她们生养自己的孩子，和男人的关系是一回事，和孩子的关系却是另一回事。而这些不能或者不愿意和男人组建家庭的女人们，却愿意为了孩子付出自己能尽的一切努力——也许这正是埋藏在每个女人心里的母性吧。

体贴的法国生育政策

Tips

目前，法国已经取代爱尔兰成为欧洲生育率最高的国家，超半数为非婚生。主要原因就是受到鼓励生育的政策的支持。在法国，未婚生子同样受到社会承认，和婚生子女一样享受政府补助和继承权。例如，所有母亲从怀孕第五个月起至孩子 3 岁止可以享受幼儿补助。如果在领取上述补助时又怀孕，则可同时领取两项补助；此外怀双胞胎或多胞胎，也可领取两份或多份补助。从有第二个孩子起，如果父母停止或减少自己的工作来照顾孩子，便可领取家庭育儿补助。这一补助发至最小的孩子满 3 岁时为止。此外还有雇用家庭育儿保姆补助、雇用在家照看孩子者补助、上学补助、单身父母补助等。

漫步是生活的一部分

要说起在中国我最熟悉的城市，那应当是北京，毕竟我在那里度过了我人生中最重要的一段日子。即使现在想起来，北京的大街小巷也似乎历历在目，我甚至还能说得出大部分的公交线路都是怎么走的——如果在我离开的这段时间它们没有改变的话。但在巴黎可就不行了，至今我对巴黎的公交系统还是所知甚少。这当然跟当年我还是一介穷学生，而现在却经常以车代步有关，不过还有一个很重要的原因就是：巴黎女人都太爱走路了！

发现这一点实在是很容易的事。几乎每一次——从我刚到巴黎不久就开始——和朋友们的相聚都会花费很多的时间在路上。她们乐于从一个地方慢慢步行到另一个地方去，即使两地相隔甚远；偶尔也会搭乘一下地铁，但我仔细地观察过，她们几乎从不会等到了目的地才下车，总会提前一点下来，然后再步行过去。一开始的时候我对此很不习惯，倒并不是因为觉得累，而是觉得这样太浪费时间了。但她们却丝毫不以为意，甚至有个朋友对我说，相比起逛街，她认为这样的行走更有意义。哈！

究竟是怎样的意义呢？我没有问过，实际上也确实不需要真的去问，只要一起走过几次，那种妙处就会慢慢感受到。巴黎是个怎样的城市啊。且不说那些举世闻名的文化古迹，那些始终闪烁着人类智慧光彩的建筑，那些包容着曾经有过的雄心和仍在继续的令人向往的雕刻，那些吸引着全世界无数人来来往往的文艺和时尚的圣地，单单就是一路上所能看到的一草一木，在阳光下闲步街头，看看那些悠闲的行人和散漫飞过的鸟群，逛逛那些充满灵性的小店和摊头，也已经是一件极为舒服的事情。多那么几次以后，这样的感觉在我心里越来越深，加之我自己本来也是个无目的地喜欢闲逛的人，很快地也就染上了她们这样的习惯。我跟她们是越来越“臭味相投”了。

越是有了这样的习惯，越是让我感慨巴黎女人心思的细腻——她们竟然能够找到这样好的消遣方式。当时光步入现代，当生活的节奏越来越快，人人都在高唱着“时间就是金钱”的时候，她们居然依旧如此悠闲地漫步街头，“什么也不为，就只是走而已”，这实在让人有点哭笑不得又艳羡不已。不过当然了，对于巴黎女人来说，经历里也许就从来没有过英国和美国那些生活在金融中心的人那样匆忙的记忆，她们已经习惯于在街头捕捉各种意外和灵感了——这早已成了她们生活的一部分，而这样的习惯也的确是代代相传——陪过几位夫人“走”街之后，我实在忍不住这样暗自感叹。

有多少生活是从街上“走”回来的呢？前不久有一个朋友刚刚举办了一次小型的作品展示会。说是展示会，其实并不是向大众公开的，她也不是什么学有所成的艺术家。她在她的客厅里向来访的朋友们展示了她的铅笔画，每一幅都是在街头画下的速写，笔法凌乱，人物却非常生动——有个小姑娘正在向乞丐的盒子里放钱，那乞丐却悠然地睡着，神态安然；公寓楼的下面，两个小兄弟正在追逐一只滑翔的纸飞机；背着小挎包的女孩立在街心，侧着头仿佛正在寻找前行的道路；两个年轻而装扮入时的男女一边迈着兴冲冲的步子走着，一边在飞扬地讨论着什么……一边看着这些画作，那些街道和街道上的人影都栩栩如生地浮现在我的眼前，仿佛我正从他们身边走过，臂膀上还残留着他们留下的生命的热度；然而我更明白的是，即使没有这些固定在画布上的线条和色彩，这些生动的场景也已经如照片一样刻在我的记忆里了，就在我一次次的漫步当中，在不知不觉间看到、记下了无数的生命场景。

这便是巴黎女人行走的真意。

当她们脱下线条优美却社交意味浓厚的高跟鞋，穿上松软而舒适的平底鞋时，她们解放的不仅是身体，也是精神；看似毫无目的的行走，得到的好处也不仅仅是一场不动声色的锻炼，而是情绪的舒缓和体验的丰厚。

最近我新认识了一位刚刚在业内崭露头角的新人作曲者，在聊天的时候她告诉我，每当她觉得自己失去了灵感，或者被胸中的烦闷逼到了房间的角落，她总会坚定地出门，来一场大乱走。

“走着走着心情就会平静下来，真的。当然我想这里面有时间的关系，我是说，任何情绪都可以被时间的流逝所平复，**但不可否认的是，走路真的相当有效。你会看到那些盲目又积极的生命，人也好，动植物也好，都被自己的问题困扰着，但是都平静地、安然地、年复一年日复一日地积极生活着，这种力量最能够给人鼓舞。**听听那些街头的声音，叫卖、嬉笑，哪怕是吵架，也能让灵感一下子挤满胸口——每次我都满载而归。出门的时候是被无聊和困顿逼着向前，走完了之后，却是被无尽的热情催着归来。”

我能理解她所表达的，因为我自己也无数次地在这样的漫步中感觉到胸腔被什么东西所塞满，那一份满足和感动无可言喻。也许我的确浪费时间了，我把时间消耗在了这样的行走中，却又无法像上面提到的这些朋友一样把那些感悟表达出来，成为人生的见证。但是我仍然不打算放弃这样的新习惯，就像有一位朋友所说的：**“总有一天，街头的邂逅会成为你生命中的瑰宝。”**

总有一天，街头的邂逅会成为你生命中的瑰宝。

优雅是抵抗衰老的唯一法宝

一过三十岁，大多数女人就开始怕被问到年龄，甚至自欺欺人地再不过生日。当然，在现代社会，我们早就被教会了不要去询问女人的年纪，因为这实在是不礼貌的。男士们尤其懂得恪守这一点，而且也多少摸到了一点女人爱年轻的门道，言谈之间总是煞有介事地大大地把女士们的年纪往小了说，实在很能满足一把女人们的虚荣心。不过这种吹捧也经常被说得过分，嬉笑之间那种人际里的虚浮也就格外让人感觉难受了。

不过来了巴黎以后我发现，比起时常所见的乐于模糊地说“我二十几了”“我三十出头了”的女人们来说，真正的巴黎女人倒是显得不太在乎说出自己的年纪。**每当出现一些无意中问到或涉及年纪的问题时，她们总是很坦然地报出自己的岁数，一点都不扭捏。**这让我觉得很意外，到底是什么东西让她们这么坦然？化妆？保养？还是对于自己驻颜有术的信心？

也许以上的全都是，但却没有任何一点能够称得上是决定性的原因。也许这种坦然和自信，都包容在她们的成长经历中了，就像一个朋友告诉我的那样，从她很小的时候起，她母亲就断断续续地在言谈中教给了她这种观念：**在每个年纪做那个年纪该做的事，这样的女人就始终是最**

美的。

在每个年纪做那个年纪该做的事，用我们中国人的话来说，那就是顺应天命。看起来这似乎是很难做到的事情，连我们的孔老夫子也要在五十岁了才能知天命，不过其实完全不必把这东西想得那么高深，用另一个简单的字眼来形容，那就是顺其自然。巴黎女人就是顺其自然的最好例子。很多人总以为她们只是简单地生活在装扮的世界里，掩盖了自然的面貌而把自己装饰出各种缤纷的面相来，这样的生活哪里有自然可言呢？其实并不是这样。自然并不是“天然去雕饰”，毕竟我们每个人，打从出生的时候起，就不可能是一朵不染尘埃的出水芙蓉，而总有很多社会生活等待着我们去经历。而自然，也恰是我们在社会生活中顺水推舟的那种态度。这对中国人来说，实在是从千百年的先贤教训里流传下来的根深蒂固的生存哲学，而对巴黎女人来说，却也是祖祖辈辈传承下来的生活方式。

不过不怕老并不意味着什么也不做地静待岁月老去，就像古人说“无为”，也并不是什么事都不管不顾不操心。我记得以前有位著名的女人（可惜我还是忘记了她是谁）曾说过，做女人，要优雅地老去。如今想来这实在是一句精彩至极的话，也恰好是巴黎女人所尊奉和实行的真理。没有谁能够真的阻挡岁月的那只翻云覆雨手，可是能做到优雅地老去，对女人来说，实在是一种无上的生活境界。毕竟，用青春和美貌让别人喜欢总是一件容易的事，而当皱纹和白发都变成了别人眼里的温馨和安妥，这样的女人才真正地让人尊敬。

就像我一位朋友的祖母，已经 90 多岁了，却依然是一位让人喜欢的夫人。那一次我去拜访她的时候，她穿着暗红色的针织套衫和裙子，胸前金色的胸针闪闪发亮，满头银丝梳得极为妥帖，一丝不苟。她的声音很轻柔，说话时，脸上总带着亲密而温柔的笑，眼里有让人难忘的爱护和殷切，一种令人舒服的长者的气息扑面而来。我从朋友那里听来，这位夫人其实从没有好好地受过完整的教育，一辈子也一直辛苦着，直至晚年才享受了安宁平静的生活——尽管如此，她大概从没有放弃过安抚和约束自己的内心，这才能最终让自己不至于被磨难和平庸所淹没；即使她如今坐在轮椅上行动不便，也一直都仔细地照料着家中的事务，有能力把自己安顿妥帖。一个时时刻刻能够把自己安顿妥帖的女人，必定也拥有强大的意志力，和一份纤巧细腻的女人心。

这样的女人，又怎么会怕老呢？或者说，那区区数字带来的变化，怎么会真的在她们心里掀起涟漪呢？有一次我无意中碰到了一位上了年纪的女演员（恕我隐去她的姓名），这位我曾经的偶像，如今脸上已不可避免地有了皱纹，身材也不再有当年的窈窕。但是她并不认为这是一件坏事。“我不能再当我的超级明星了——这是真的，但对我来说，并没有什么好遗憾的，反正人生就是这么回事。我拥有过了，我得到的比我失去的更多，这已经足够让我心怀幸福了。”说着这番话的时候，她刚刚修剪好墙脚下一排怒放的鲜花。

“我想人就像这些花一样，在应该盛开的时刻尽力地绽放，在应该枯萎的时刻安然地枯萎——没有绽放会浪费了上天的赐子，没有及时地学会枯萎，也只能说明身体里已经积累了危害自己的毒素，那是比枯萎本身更致命的。”

这实在是颇具智慧的妙语。其实就我自身来说，也并不是不懂得这样的道理，十几岁的时候青春勃发，在学校里和朋友们纵情浪漫；二十几岁的时候远渡重洋，在陌生的国度里一遍遍历练自我，紧握着奋发的心情步步为营；如今年近三十，慢慢学会了沉淀和持重，也更懂得了在纷纭的人事中如何把持自己。一步一步如此走过人生，每一步都有自己的色彩，如此想来，老去也的确没有什么可以畏惧的了。

在任何时刻都把自己装点出最恰当的样子，这样的女人的确是最美的，因为年龄的增长已经不可能再限制住她的美丽动人——这就是巴黎女人对抗岁月增长的法宝。

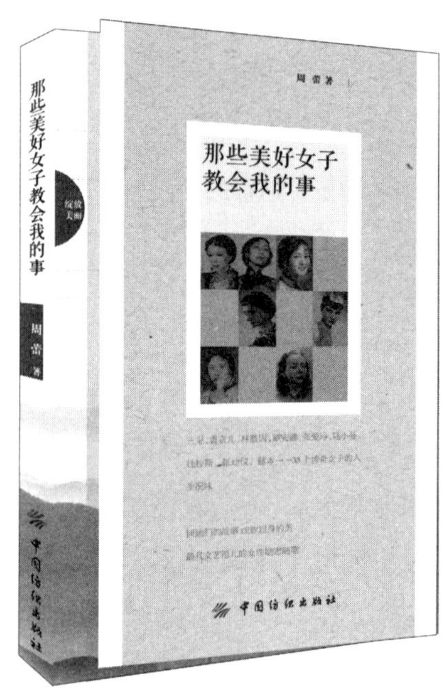

书名 那些美好女子教会我的事

作者 周蕾 著

定价 32.00元

出版时间 2015-04

三毛、香奈儿、林徽因、戴安娜、张爱玲、陆小曼、杜拉斯、张幼仪、赫本……

33个传奇女子的人生况味

读她们的故事 绽放自身的美

最具文艺范儿的女性励志随笔